农家创业致富丛书

食用菌加工新技术与营销

丁湖广　丁荣辉　丁荣峰　编　著

金盾出版社

内 容 提 要

　　本书介绍了作为食用菌产量最大国家的农民,解决淡季、旺季供求矛盾的常用方法,投资创办食用菌加工家庭企业的方法,以及促使企业健康发展的先进理念和实用技术。主要内容包括:概述,食用菌保鲜储藏技术,食用菌干制加工技术,食用菌渍制加工技术,食用菌罐头加工技术,食用菌食品、酿造和化妆品加工技术,食用菌深层提取和药剂加工技术,食用菌加工产品的质量安全和营销等。本书内容新颖,技术先进,针对性和可操作性强,适合创办食用菌加工企业的农民朋友和从事食用菌加工行业的技术人员阅读,对农林、轻工院校师生和科研人员亦有参考价值,还可作为职专技能培训教材。

图书在版编目(CIP)数据

　　食用菌加工新技术与营销/丁湖广,丁荣辉,丁荣峰编著. --北京:金盾出版社,2010.8
　　(农家创业致富丛书/施能浦,丁湖广主编)
　　ISBN 978-7-5082-6451-6

　　Ⅰ.①食… Ⅱ.①丁…②丁…③丁… Ⅲ.①食用菌类—食品加工②食用菌类—市场营销学 Ⅳ.①S646.09②F768.2

　　中国版本图书馆 CIP 数据核字(2010)第 106584 号

金盾出版社出版、总发行

北京太平路 5 号(地铁万寿路站往南)
邮政编码:100036 电话:68214039 83219215
传真:68276683 网址:www.jdcbs.cn
封面印刷:北京印刷一厂
正文印刷:北京万友印刷有限公司
装订:北京万友印刷有限公司
各地新华书店经销
开本:850×1168 1/32 印张:8 字数:199 千字
2013 年 5 月第 1 版第 8 次印刷
印数:106 001~111 000 册 定价:16.00 元

农家创业致富丛书编委会

主　　任　陈绍军

丛书主编　施能浦　丁湖广

编委会成员（按姓氏笔画排列）

丁宁宁	丁荣峰	丁荣辉	丁湖广	丁靖靖	王剑寒
池奖云	吴云辉	杨廷位	杨君博	杨　瑢	邱澄宇
张振霖	张　胜	陈申如	陈夏娇	林媛媛	郑乃辉
郑忠钦	施能浦	胡七金	倪　辉	翁武银	黄宇媚
黄林生	黄伟巍	黄　贺	彭　彪	谢秋芳	

序

　　近年来,在《中共中央国务院关于推进社会主义新农村建设的若干意见》(中发[2006]1号)的文件精神指导下,政府有关部门针对农产品加工,也发出了多个具有指导意义的文件,如国务院办公厅《关于促进农产品加工业发展的意见》(国办[2006]62号),以及农业部《农产品加工推进方案》(农企发[2004]4号)等。随着改革开放的不断深入,我国农产品加工业发展迅速,不少已有的加工企业在不断壮大,生产逐步走向规范化和现代化。农产品加工品种不断增多,产品质量也进一步提升,国内市场日趋旺盛,国际市场也在逐步拓宽,形势喜人。

　　农产品加工行业,一端连接着原材料生产者即广大的农民,另一端连接着千家万户的消费者,是生产、加工、销售产业链的枢纽。世界上许多发达国家把农产品产后储藏和加工工程放在农业的首位,加工产值已为农业产值的3倍,而我国还不及1:1。全球经济一体化和我国加入WTO给农产品生产与加工带来了新的发展契机。目前,我国已发展成为世界农产品加工的最大出口国之一。

　　我国地大物博,农产品资源丰富,但是,每年到了农产品的收获季节,大量鲜货涌向市场,供大于求,致使价格下跌,从而挫伤了农民的生产积极性。加工的滞后,已成为产后"三农"关注的焦点问题。发展农产品加工业,提高产品附加值,对于增加农民收入、促进农业产业化经营、加速社会主义新农村建设、落实今年中央1号文件中的"稳农、稳粮,强基础,重民生",起着积极的作用。

我们组编农家创业致富丛书的目的，就是为了更好地服务于已从事农产品加工业，或想从事农产品加工业的广大农民。参加编写的作者都是有着扎实的理论基础和长期生产实践经验的资深专家、学者，他们以满腔热情、认真负责、精益求精的态度进行撰写，现已如期完成，付之出版。整套丛书技术涵盖面广，涉及粮油、蔬菜、畜禽、水产、果品、食用菌、茶叶、中草药、林副产品加工新技术与营销，共计9册，每册15万～20万字。丛书内容表述深入浅出，语言通俗易懂，适合广大农民及有关人员阅读和应用。相信这套丛书的出版发行，必将为农家创业致富开辟新的路径，并对我国农产品加工新技术的推广应用和社会主义新农村建设的健康发展起到积极的指导作用。本丛书内容丰富，广大农民朋友和相关业者可因地制宜、择需学用，广开创业致富门路，加速实现小康！

农工党中央常委、福建省委员会主委

政协第十一届全国委员会常委

福建省农业厅厅长

中国食品科技学会常务理事

国家保健食品终审评委

教育部（农业）食品与营养学科教育指导委员会委员

前　言

我国是世界上最早认识、利用和栽培食用菌的国家之一，也是食用菌生产和出口大国。食用菌生产已成为建设社会主义新农村的特色经济支柱产业，以及农民创业致富的好门路。实践表明，食用菌产业的发展，带动了相关行业的科研、生产、加工和流通，整个产业链的兴起，促进了农村经济的进一步繁荣和农民收入的增加。

食用菌鲜品大多集中在春、秋季节上市，然而由于市场容纳量有限，致使鲜品价格急剧下降，菇贱则伤农，这更显示了发展加工业的重要性。通过加工可调节产菇旺淡季节，缓解市场供求矛盾，稳定菇农收入，促进食用菌生产的可持续发展。

我国食用菌的储藏和加工历史悠久，早在北魏贾思勰的《齐民要术》(公元 533－544 年)就有记载："菌……其多取欲经冬者，收取盐汁洗去土，蒸令气馏，下著屋北阴中。"元朝大司农编撰的《农桑辑要》(公元 1273 年)中提到菇类："新采趁生煮食秀美，曝干则为干香蕈。"古代《养小录》中的："香蕈或烤或晒，磨粉，入馔内，其汤最鲜"等，记述了原始食用菌储藏、干制和调味料的加工方法。

长期以来我国科技工作者和广大劳动人民在生产和生活中，对食用菌的保鲜、储藏和加工深入探索，找到了一系列切实可行的科学加工方法，并不断拓宽加工领域。

就以香菇为例,通过现有的各种加工方式,可把它转变成20 多个不同形态、风味和用途的品种。通过精深加工,把原始农产品变成终端产品,可增加几倍甚至上百倍的附加值,使生物资源得到更加充分的利用,并获得更高的经济效益。在我国农村,食用菌加工业已成为广开农家创业致富门路、为多余劳动力找到就业出路的途径。多年来,本书作者就一直从事食用菌的生产加工和出口外销,在内地湖北广水创办了日产 30 吨食用菌罐头的食品加工厂,并在 10 多个国家建立了销售网络。实践证明,食用菌加工业无论是现在,还是将来,都不失为一个大有作为的"朝阳产业"。

本书以我国现已开发,并已进入商品化生产的原料品种为例,详细介绍了各种方式的食用菌实用加工新技术。在资料收集方面,通过对比,去粗取精,精选重点,编写成这本《食用菌加工新技术与营销》,奉献给广大的农民读者和有关人员。希望能为从事农产品加工的企业和广大农民朋友提供一些有益的参考,更好地促进食用菌生产与加工业的发展,加速实现小康,这是作者的最大心愿!

本书的编写得到了"中国食用菌之都"福建省古田县科技局领导的重视,将其列入了科研课题并立项给予经费支持,我们还参考了国内外食用菌加工方法的诸多资料,书中引用资料尚未一一表明,敬请原谅。由于作者水平有限,书中遗漏和谬误之处在所难免,敬请专家及读者批评指正。

作　者

目录

第一章 概 述

第一节 食用菌加工的重要意义

一、调节市场供求

我国食用菌产业发展迅速，产品产量及出口量均居世界首位，2008 年总产值达 800 多亿元。传统的"五菇三耳"（香菇、双孢蘑菇、平菇、金针菇、草菇、黑木耳、毛木耳、银耳）的生产加工稳步发展，近年来开发的稀有名贵品种"八珍菇"（白灵菇、杏鲍菇、鸡腿蘑、滑菇、灰树花、姬松茸、秀珍菇、茶薪菇）也已形成规模化、工厂化生产，产量剧增，前景喜人。其中 4 种珍稀菇菌鲜品的产量统计见表 1-1。

表 1-1 4 种珍稀菇菌鲜品的产量统计

（吨）

品 名	2001 年	2003 年	2005 年	2007 年	比 2001 年增长
茶薪菇	18.422	92.971	93.644	232.868	11.6 倍
鸡腿蘑	38.899	117.827	29.5100	441.869	10.1 倍
白灵菇	7.343	52.223	195.247	181.671	23.7 倍
杏鲍菇	21.022	114.107	123.680	202.302	8.6 倍

大部分品种的食用菌，产季集中在秋冬，此时鲜品大量涌向市场，致使菇价急剧下降。按常规，香菇产地收购价每千克为 4～5 元，但在 2007 年冬菇产季，闽浙两省产地冬菇收购价最低时每千克仅有 1.6～2 元。白灵菇价格起落幅度更是惊人，2000 年夏

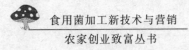
季空运深圳市场最高可达每千克 80 元,而近年来产地收购价每千克最低只有 5～6 元。事实表明,鲜品通过加工处理,可以调节市场供求,减少产季产品过分集中、价格暴跌给菇农带来的经济损失,因此,必须加快发展食用菌加工业。

二、满足时尚消费新需求

过去,我国食用菌加工生产多以干制商品上市销售,这是由于当时保鲜储藏技术水平较低,加之产地多数处于山区,交通条件较差,鲜品无法及时运达城市,虽也有鲜品进城,但因运输时间较长,鲜品失鲜严重。我国食品科学家近年来在研究果蔬保鲜储藏的同时,开发了一系列鲜品保鲜技术,使鲜品在城市的销售量逐年加大。另一方面高速公路建设步伐的加快为鲜菇长途运输创造了条件,因此近年来鲜品市场逐年扩大。

现代都市百姓对食用菌的消费习惯已发生了许多改变,过去购买干品浸泡烹饪的方式已不再盛行,而能保持原有形态、色泽和田园风味的鲜品,已成为千家万户"菜篮子"里的主要食品之一。在大中城市的农产品超市、菜摊,均有鲜品的一席之地,且销量很大。据 2008 年 6 月中国食用菌商务网食用菌市场编辑部的调查,环北京地区的食用菌经销批发市场,拥有批发商 40 家 29 个门面,年销鲜品 10 万吨。在市民中除了送礼馈赠采用礼盒干品外,日常消费有 85％以上是买鲜品。因此,食用菌加工业要满足现代化都市消费理念转变形势下的新需求。

三、有利于综合利用提高效益

以食用菌为原料,加工成可食、可药、可补的不同层次食用菌精深加工系列产品,有效地发挥资源的综合利用,增加产品附加值,提高经济效益。例如,仅香菇一个品种就可研发加工成不同层次的产品 20 多种,香菇系列产品开发流程如图 1-1 所示。

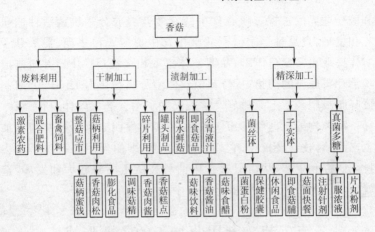

图 1-1　香菇系列产品开发流程

四、扩大产品出口创汇

我国食用菌产品出口量很大,在国际市场上享有一定的声誉,而加入 WTO 为我国开通了出口食用菌产品到该组织的 134 个成员国的国际销售渠道,为我国食用菌加工产业带来了大好商机,也为我国食用菌产品走向全球创造了有利条件。2008 年我国出口食用菌 68.27 万吨,创汇 14.53 亿美元,产品远销欧美、东南亚等 60 多个国家和地区。我国出口的食用菌品种大都以冷藏保鲜、干品、盐渍、罐头制品为主。香菇、松茸、块菌、牛肝菌,以保鲜、盐渍加工出口,2008 年松茸出口 716 吨,创汇 4404 万美元,平均每吨 6.1 万美元。双孢蘑菇、草菇、白灵菇、杏鲍菇等,以罐头制品居多;香菇、黑木耳、银耳、姬松茸等以干品出口,其中香菇干品 2008 年出口 14271 吨,居世界首位,创汇 1.3 亿美元。

五、产业发展促进科技进步

以食用菌为原料的精深加工产品的开发,在我国已引起食品

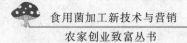
和医药业界的重视。随着食用菌有效营养成分和抗菌活性的研究和发现,食品科学家已能从姬松茸中提取蛋白多糖、猴头菇子实体提取粗多糖(HFP);从菌丝体提取粗多糖(HMP),并研制成功治疗胃肠癌的药物;从竹荪菌丝体中分离糖蛋白 DIGP,并研制成降脂减肥药。上海师范大学杨庆尧利用云芝菌丝体,研制成一种抗癌药物云芝糖肽(PSP)胶囊,获国家发明专利。这些精深加工产品,科技含量较高,它们必然促使更多的人用高科技手段去投入研究和生产,从而促进食用菌科技队伍不断壮大和发展,造就一大批食用菌精深加工科技人才。

第二节　食用菌加工的主要形式

我国食用菌加工企业大部分属于食品加工行业范围,有的也属于保健品和药品加工行业范围。目前为止,还没有专门的分类标准,从现有产品应用的目的不同,大体划分为食用性加工、药用性加工和储藏性加工 3 类。盐渍加工既是储藏性加工,又是食用性加工;保健食品加工,有食用和药用双重性。根据国内食用菌加工现状,分为以下 5 大类:

一、保鲜储藏

保鲜储藏也是一种加工方式,储藏的目的是保持鲜品生命,延长商品货架期。近年来市场出现了产品原生态和田园风味的消费新潮,它更使保鲜储藏加工成为一门大有前途的加工业。保鲜储藏分为低温冷藏保鲜、气调保鲜、真空保鲜、辐射保鲜、物理化学保鲜等不同方法。

二、脱水干制

脱水干制是食用菌干燥的主要加工方法。在大量产出鲜品的季节,市场容纳不下时,通过干制,解决鲜品产后问题。干制品易于储藏,达到季产年销、常年应市的目的。传统干制方法多为晒干,而现在主要采取机械脱水烘干和冻干两种,适用于香菇、银耳、猴头菇、黑木耳、草菇、金针菇、竹荪等几十种产品。

三、调料渍制

渍制加工是我国加工蔬菜的一种传统方式,也适用于食用菌加工。它包括盐渍、糖渍、酱渍、糟渍、醋渍加工。以盐、糖、酱、酒糟、食醋等为腌料,利用其渍水的高渗透压来抑制微生物活动,避免食用菌在储藏期因微生物活动而腐败。其中,盐渍加工是食用菌加工中广泛采用的方法,双孢蘑菇、草菇、金针菇、大球盖菇、猴头菇、杏鲍菇、白灵菇,以及平菇、凤尾菇、鲍鱼菇等均适用。

四、罐头生产

食用菌罐头制品是我国具有传统特色的出口商品之一。菇品罐头加工,要有一套机械设备,生产工艺形成流水作业,产品比较规范。其中,双孢蘑菇每年出口 20 万吨左右,创汇 2 亿多美元,是食用菌罐头出口量最大的产品之一。食用菌罐头加工,绝大部分为清水罐头,近年来新研发出了即食罐头,诸如银耳莲枣罐头、香菇肉酱罐头、白灵菇美味即食罐头等。

五、精制酿造

食用菌酿制加工属于精深加工范围,它包括菇酒类、饮料、酱油、食醋、菌油、菇类味精、菇味火锅料、菇类蜜饯、膨化食品、菇类肉松、菇类面条、糕点;日用品类有菇类护肤霜、美容膏;医疗保健品类有从菇类中分离提取有效药物成分,制成注射针剂、保健胶囊、片剂、粉剂、口服液等。

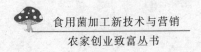
第三节 食用菌加工的市场前景

一、食用菌是植物性食品中的极品

世界卫生组织倡导"一荤、一素、一菇"的健康膳食三大基础，已成为时尚消费新潮。食用菌不但味道鲜美，营养丰富，而且富含蛋白质、脂肪、多糖、维生素、抗生素、核苷酸等物质，能调节人体新陈代谢，增强体质，被誉为"现代保健食品"，"人类植物性食品营养的顶峰"。目前，许多国家的食用菌消费水平逐年上升，尤其是旅居海外的华侨，餐桌上必有菇食飘香。国内市场消费理念也有新的转变，过去都市百姓"菜篮子"以肉、鱼、蛋显示丰富，如今以菇、菜、笋感到称心。

二、食用菌加工已成为开发商的投资目标

食用菌加工业是投入产出利润较大的行业，特别是精深加工产品，如菌类营养蛋白，菇类抗癌胶囊，菇类保健粉剂、片剂、饮料、酒类、调味品等，其成本与利润比一般都在1∶（15～30）。香港一家生物技术公司，研制生产灵芝多糖肽（PSP）胶囊产品，每盒仅5片60粒4毫克装的胶囊，售价650元，产品附加值提升近百倍；台湾近年开发低温油炸菇类食品，产值均提升20倍以上。因此，食用菌加工成为许多明智投资者的一个投资目标。

三、食用菌加工的市场前景乐观

现代人的工作和生活节奏加快，对饮食要求除了追求营养保健多功能外，还要求食用方便，即随手可取、开罐即食、节省时间，这就为食用菌加工业的发展提供了更为明确的市场目标和方向。以食用菌为原料提取有效成分，研制成的保健食品、医疗药品均

无副作用,因而成为当代市场最受欢迎的生物食品和药品,这已深入人心。由此可见,食用菌加工的市场潜力很大,前景十分可观。

第四节　食用菌加工企业分类

食用菌加工厂的规模大小,投资多少,应根据当地食用菌栽培数量和产量,以及计划加工层次而定。

一、小型食用菌加工厂

(1)经营项目　小型食用菌加工厂,一般进行食用菌初级加工,如鲜品脱水烘干、鲜品盐渍加工,适用于普通农家庭院经济,2～3人从业即可。

(2)生产规模　小型加工厂可规划日脱水烘干鲜菇2～3吨,或盐渍加工鲜菇1～2吨的生产规模。

(3)基本设备　厂房可利用房前屋后,搭盖简易加工场,面积为600平方米左右。

①脱水烘干设备。脱水烘干机械要配备相应的排湿烘干筛、清洗水池。较小型的厂,包括搭盖简易工场,总投资约为3万元。只需购置1～2台RF节能烘干机,该机结构科学,热交换器安装在中间,两旁设置两个干燥箱或4个干燥箱,箱内各安置13层竹制烘干筛,箱底两旁设热风口,机内设3层保温,中间双重隔层,使产品干而不焦。箱顶设排气窗,使气流在箱内流畅无阻,强制通风脱水干燥。配有三相(380V)、单相(220V)、燃料薪、煤用户自选项。鲜菇进房一般6～10小时干燥,有两个干燥箱的烘干机,每台每次可加工鲜菇250～300千克,有4个干燥箱的烘干机可加倍,加工的产品物理性状和色泽符合出口标准,因此被用户

广泛使用。这种烘干机由古田县祥为烘干设备研究所研制生产，获国家专利。该所地址为福建省古田县大桥镇供销大楼，专家咨询电话:13459331485。RF节能烘干机结构如图1-2所示。

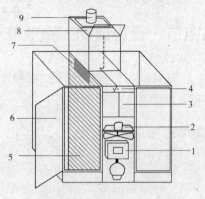

图1-2　RF节能烘干机结构
1.热交换　2.排风扇　3.活动进风口　4.上进风口手柄
5.热风口　6.门　7.回风口　8.进风口　9.烟囱

规模稍大些的脱水烘干厂可购置热水循环式干燥机。该机械是在隧道式干燥机的原理基础上，结合柜式干燥机特点研制而成的。供热系统由常压热水锅、散热管、储水箱、管道及放气阀门、排活阀门等组成，使用燃料煤、柴均可。它采取热流循环，利用水的温差使锅炉与散热器之间形成自然对流循环。使供热系统处于常压下运行，较为安全。其干燥原理是锅炉产生的热水进入散热器后，将流经散热器的空气进行加热，在风机产生的运载气流作用下，将热量传给待干制的鲜菇，同时利用风流动，不断地把蒸发出来的水分带走，以达到食用菌干燥的目的。这种干燥系统，气流受阻力较小、干燥室内温度均匀、干燥速度一致。烘房内设90厘米×95厘米烘筛80个，一次可摊放鲜菇700千克。其烘

出的产品干燥、色泽均匀、朵形完整、档次高。热水循环式干燥机
结构如图 1-3 所示。

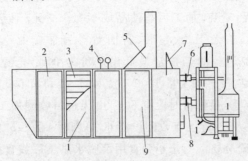

图 1-3　热水循环式干燥机结构

1.烘房门　2.烘干房　3.烘筛　4.温度计　5.排湿室　6.余热回收门　7.冷风门

8.热交接器　9.储水箱　10.烟窗　11.热水锅　12.燃烧口　13.鼓风机

②盐渍加工设备。食用菌盐渍加工基本设备见表 1-2。

表 1-2　食用菌盐渍加工基本设备

设 备 名 称	数　量	购置金额/元	设 备 要 求
杀 青 锅	1个	2000	大铝锅或不锈钢锅；
盐 渍 池	4口	16000	（长×宽×高）为 3 米×2.8 米×12 米
			水泥砌成，每口容量 4 吨；
盐 渍 缸	30个	3000	陶瓷制品，每缸容量 100～150 千克；
塑料包装箱	100个	1800	每箱装渍制品 40～45 千克

(4)投资回报

①脱水烘干厂。按日加工干品 200 千克计算，每千克收代加
工费 3.6 元，除燃料、电耗、机损、工资等成本 2.6 元外，每千克盈
利 1 元。月加工量干品 6000 千克，利润 6000 元，5 个月可收回投
资，其余时间均为利润。

②盐渍加工厂。基本投资包括工场搭盖、设备购置，共约

4 万元。盐渍食用菌成品率一般为 65%～68%,也就是 3 千克鲜品,可加工成盐渍品 2 千克。其盈利模式以金针菇为例,鲜菇收购价 2.6 元/千克,加工后盐渍品成本为 3.9 元/千克;加工过程燃料、电耗、工人工资、包装、折旧费等另加 1 元,合计成本为 4.9 元/千克。盐渍菇预定最低出厂价为 6 元/千克,其利润为 1.1 元/千克,按日加工量 1000 千克计算,其利润不低于 1000 元。秋冬产菇旺季,最低价时段有 80～90 天进行收购加工,其利润可达 8 万～9 万元,除当年收回投资外,可创利 4 万～5 万元。

(5)风险分析 对于小型食用菌脱水烘干厂或食用菌盐渍加工厂来说,应选择市场价格最低时收购原料进行加工,其产品成本低。绝大多数食用菌品种,受季节所限,产季一过,市场上鲜品难寻。鲜品干制后耐储藏保管,可常年应市,但不新鲜。而盐渍加工利用食盐的高渗透压物质防腐的原理,使产品保持新鲜外观和品质,产品上架时间长,很受批发商、零售店、餐饮业欢迎,而且保质期可达 1～2 年,因此风险相对比较小。

二、中型食用菌加工厂

(1)经营项目 中型食用菌加工厂以储藏保鲜,渍制酿造饮料、蜜饯小包装即食品等加工业务为主,适于乡镇企业或民间集资经营。

(2)生产规模 中型加工厂以冷藏保鲜为主要业务,可日加工保鲜品和盐渍品 5～8 吨;或酿制酒类、饮料、蜜饯小包装食用菌 1 吨,这种加工厂需要生产工人 10～15 人。

(3)基本设备 设制冷和渍制两个车间,中型食用菌加工厂基本设备见表 1-3。

表 1-3　中型食用菌加工厂基本设备

设备名称	数量	购置金额/元	设备要求
制冷机组	1 套	15000	制冷机 1 台、冷凝机 1 台、排风扇 2 台
冷库	1 座	10000	50 平方米,容量为 10 吨鲜菇
循环水设施	1 套	8000	容量 20 吨,冷却塔 1 个,水池 1 口,配镀锌管
盐渍池	6 口	18000	体积为 5 米×3.5 米×1.3 米,池壁砖砌,内外瓷砖
杀青锅	1 口	8200	容量为 2 吨,3 毫米不锈钢板焊成尺寸为 1.3 米×1 米×0.4 米
冷却池	2 口	3800	砖砌成水泥池,体积为 2 米×1.5 米×1 米
锅炉	1 台	48000	0.5 吨以上
夹层锅	1 口	10000	容积大于 500 升
真空包装机	1 台	8000	CZB－2000 型全自动小包装袋
印字封口机	1 台	5000	色带印字封口机
包装物		12000	塑料周转管 200 个,塑料包装桶 1500 个

(4)投资回报　中型食用菌加工厂冷库、工场占地面积约为 1000 平方米,若采用彩钢板盖顶、砖墙或铁管搭架,需投资 20 万～35 万元,另外,冷库加工生产配套设备 14.6 万元,合计投资为 40 万～50 万元。以茶薪菇为例,低温保鲜每吨至少可获利 800 元;以香菇、金针菇、大球盖菇等为例,盐渍利润不低于 1000 元/吨。若产菇季节收购加工保鲜菇 500 吨,其利润约为 40 万元;盐渍菇加工 300 吨,利润约为 30 万元,除可当年收回投资外,尚余利润 20 万～30 万元。如果能再加工糟制和蜜饯即食小包装菇品,其成本与利润比为 1∶(1～1.5)。每吨利润至少 3000 元,年生产量

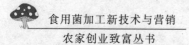
300 吨,利润可达 90 万元。除当年收回投资外,还可创利 40 万～50 万元。

(5)风险分析 保鲜食用菌是最受现代都市人欢迎的日常食品,市场空间潜力很大,盐渍品和小包装即食品利润丰厚,市场前景看好。中型加工厂生产能力较强,但风险在于产品是否能保证质量,销售渠道是否畅通,因此,在规划建厂和投入生产过程中,必须注意以下 3 点:

①建立生产基地。实行工厂＋农户,使原料有保障,避免"无米之炊"。

②保证产品质量。保证卫生安全,以质取胜,使产品得到消费者认可。

③疏通销售渠道。千方百计地寻找卖方客户,稳定销售网络,以免产品积压导致资金周转不灵。

三、大型食用菌精深加工厂

(1)经营项目 大型加工厂以食用菌精深加工为主,产品档次和科技含量较高,投资大,适于资金雄厚的集团和企业。具体经营项目有以下系列:

①罐头制品,包括各种食用菌清水罐头、易拉罐罐头,如以银耳、竹荪、姬松茸、金耳、灰树花、猴头菇等为原料的低度酒、清凉茶、营养露等饮料。

②营养型即食品、冷炸速食品,如灰树花菇脯、香菇肉松、茯苓雪片糕、猴头菇饼干、调味素、火锅料等。

③保健功能型产品。如食用菌胶囊、片剂、糖浆、口服液、冲剂等。

(2)生产规模 大型加工厂生产规模可根据生产品种和设备

条件而定,罐头加工厂若每天两班生产制,日产量为5～15吨。营养型即食品加工厂单班生产制,日产3～5吨成品。保健功能型和日用品类产品机械化程度较高,日产1～2吨。大型工厂因机械自动化程度不同,员工需求量差距较大,一般工厂需要30～100人。罐头加工厂因原料分级、称量、装罐等工序多,而且很多工序要求手工操作,因此,工作人员需要多。

(3)罐头生产线基本设备 以适于食用菌加工的、日产20～30吨罐头的罐头生产线成套设备为例。

①原料分级机。将蘑菇、草菇等,在加工之前分级,使大、小菇分离,整菇和碎片分离。

②切片机。食用菌类产品中的规定规格外产品,不能直接进入市场销售,只有进行切片、改形后,才能得到符合规定规格的产品,产品切片后,可以用于罐头生产或片状干菇的生产。

③夹层锅。主要用于鲜菇杀青、预煮、调味品的配制及提取物的熬煮。夹层锅为半球形双层锅,内层多为不锈钢制成,内外层之间可通入高热蒸汽,可通过压力表读数。夹层锅容积大于500升,锅内还装有搅拌器,分为固定式和可倾式等多种形式。

④杀青锅。大型食用菌加工厂一般使用夹层锅,而小型厂和家庭加工厂多用大铝锅或不锈钢锅。

⑤排气箱。能脱除物料中的气体,防止容器内的物料上漂及氧化变质等。

⑥封罐机。有手扳式封罐机和全自动真空封罐机。

⑦真空包装机。将加工后的物料装入气密性薄膜材料包装容器后,密封前抽成一定数值的真空度,使薄膜材料紧贴物料。真空包装可以防止食品氧化、变质,并缩小体积,以便于储存和运输。

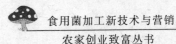

日产 20 吨蘑菇罐头的生产线成套设备见表1-4。

表 1-4　日产 20 吨蘑菇罐头的生产线成套设备

序号	设备名称	型号	规　格	台数	备注
1	漂洗流槽		长约10米	1	
2	升运机		输送式转运带长15米	1	
3	连续预煮机	GT6J20	螺旋式3000～3500千克/小时	1	
4	冷却流槽		不锈钢制	1	
5	选择运输带		按车间长度酌定	1	
6	蘑菇分级机	GT5C8	2500千克/小时	1	
7	蘑菇定向切片机	GT6D14A	1000千克/小时	1	
8	加汁机	GT7B7	60～80罐/分钟	3	
9	夹层锅	GT6J3	300升,不锈钢	2	
10	夹层锅	GT6J6	300升,可倾式,不锈钢	2	
11	卫生泵	N302	5吨/小时	2	
12	真空封罐机	GT4B11	60～80罐/分钟	2	
13	双级水环真空泵	GT9F1	1立方米/分钟	3～4	
14	杀菌锅	GT7C5	2000瓶/锅	3	
15	空压机		0.5～1.0立方米/分钟,700千帕	1	
16	洗罐机	GT7D3	50～60罐/分钟	1	
17	罐盖打印机	GT2E3	160只/分钟	3	
18	装罐运输机		3000罐/小时	3	

(4)功能型产品生产线基本设备

①子实体干品萃取真菌多糖生产线基本设备。F2-35A 爪式粉碎机,TDS700 型蒸煮锅,T250、T40 型蒸汽回收罐,Y20 型压榨脱水机,GTP-12 型高速离心雾干燥机组,XZS 系列振动筛机,FC160G 型高速研磨机,WSI-300 型真空泵等设备。

②真空冻干低温冷炸菇类即食品生产线基本设备。DG 型食

品冻干机捕水率为 3.13 千克/平方米,配 JDGP 智能监控软件,温度控制精度达 0.5 摄氏度,真空调节精度达 1 帕;制冷速冻库、干燥仓、真空加热监控机组;盒式真空包装机,真空度≤1.332 帕;FY-PM 型-POOA 色带印字连续封口机。

(5)投资回报　大型食用菌加工厂的生产,需要建设标准化厂房,设置车间、冷库和成品仓库,基建面积需要 1000～3000 平方米。整个工程投资一般要 500 万～3000 万元。高投入、高产出、高效益,是精深加工业的优势。

①真空冻干低温油炸即食品。原料以金针菇、茶薪菇、秀珍菇等单体小型状的菇类,平均进价 4～5 元/千克,100 千克鲜菇,通过生产线精制后,实得冷炸即食品 10 千克,加上其他费用综合测算,平均成本为 60～70 元/千克,而目前出口价为 140 元/千克,成本与利润比为 1∶(1～1.33)。

②多糖类产品。香菇、灰树花、灵芝、姬松茸等真菌多糖原料价格为 600～1000 元/千克,其成本与利润比为 1∶(1～1.3),而目前出口价格为 6000～8000 元/千克。

③胶囊型产品。香菇胶囊 4 毫克/粒,60 粒一盒,市场售价 100 元/盒,出厂价为 75 元/盒,平均成本仅为 0.046 元/粒,成本与利润比为 1∶27。云芝(PSP)胶囊 48 粒/盒,国内售价 360 元/盒,出厂价为 270 元/盒,平均成本为 0.052 元/粒,成本与利润比为 1∶110。大型加工厂虽然利润高,但投资大,回收时间一般需要 2～3 年。

(6)风险分析　食用菌精深加工产品,是人类饮食需要和保健食品发展的趋势,市场潜力大,投资效益高,但产品市场竞争也比较激烈,相对而言,其风险系数也比中小型加工厂大。大型加工企业在开发食用菌精深加工产品时,必须具备"五个要有":

①要有国内外营销网络体系,确保货畅其流。

②要有科研技术力量,在产品研发上不断自主创新。

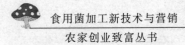
③要有雄厚的资金实力,以保证基建和设备的投资及足够的流动资金。

④要有国际食品安全 HACCP 和 IS 9000 及国内 QS 等系列质量认证,以及企业自有品牌。

⑤要有健全的企业管理、财务制度和经济核算程序。

第五节 科学选址建厂的必要条件

一、安全性

加工厂地址选择,必须向无公害、绿色、有机食品加工标准方向发展,遵循可持续发展原则,按照特定生产环境和生产方式,产出无污染、安全优质的产品。加工厂必须远离重工业区或与工业区之间有足够的隔离带,远离居民区、医院和扬尘工场。周围不得有垃圾堆、粪场、露天厕所。加工场所应设置在可能造成污染(传染源)的上风向、上水,以确保安全性。厂址的安全性有利于采用国际 ISO 9000 标准和 HACCP 体系管理,使生产全程得到有效控制和管理。

二、方便性

食用菌加工厂要求建立在交通方便、水源充足、水质良好、燃料供应及电力有保障的地方。加工厂对各类食用菌鲜品进行保鲜和短期储藏,为市场提供源源不断的食用菌鲜品或可供进一步加工的原料,因此,食用菌加工厂宜建在菌类产品集中产地,这是向市场提供大量食用菌鲜品的重要条件,也可减少新鲜原料运输中的损失和浪费,保证加工产品的品质优良。

三、综合性

食用菌加工厂应建成综合性食品加工企业,除了进行鲜品保鲜储藏加工外,还必须能进行食用菌盐渍加工、罐头制品加工,以及即食品加工等,具有综合性、多功能,使加工厂的设施人力资源得到充分利用。

四、合理性

规范化厂区布局必须合理,以方便连贯作业,缩短各道工序的间隔时间。

(1)厂区布局 一般的中小型加工厂由原辅料车间、加工车间、成品仓库及供(配)电室、供水及水处理设施、生活设施等几部分组成。生产加工车间、原料加工车间和成品仓库要求位置相对集中,以保证不受外来干扰。锅炉用煤和排出的渣灰要有专用的运输道路和进出口。生产区与生活区在布局上应有较大间距,以免互相干扰。厂区要较为平坦、开阔。规范化的加工厂区布局如图1-4所示。

图1-4 规范化的加工厂区布局

(2)建筑要求 厂房高度为4.5～5.0米,室内要求宽阔,采光及通风条件良好。要求有水泥地板及排水沟,以便清洗,要求有防蚊蝇尼龙纱门、纱窗。车间内墙面要用仿瓷涂料或加贴瓷砖,工作台面用水磨石或贴瓷砖。厂房自然通风,要有排风扇等装置。水管、电线与供气管道要统一布局,走向合理,便于检修。

(3)供排水设施 生产用水包括锅炉用水、清洗用水、配制产品用水、冷却用水等,水源一定要有保障。除冷却用水外,其他各种用水的水质要求符合国家"生活饮用水卫生标准"。锅炉用水要进行软化,使水硬度在规定标准范围内,即水总硬度<0.04毫克/升,$pH \approx 7$。所有用水均要求清晰、透明、无色、无臭、不带异味等。各地自来水虽经不同程度的净化处理,但净化程度因水源不同和处理方法不同,水质差别较大。因此,必须事先经过分析检验,只有水质合格后才能利用。从江河、湖泊及地下抽取的水,必须经澄清、过滤、杀菌等净化工艺后才能使用。为了降低食用菌加工过程中的环境污染,一切排水都要有专门的下水管道排放。对于不适于直接排放的生活污水,还要修建专门的净化池,经净化后再排放。

(4)配套设备

①冷库。是一种将制冷机和冷藏室结合起来的装置,有效容积从几吨到数百吨不等。冷库是各食品厂家储存原材料和产品所必需的通用设施,浙江嵊州市瑞雪制冷机电设备公司,可根据用户需求设计、生产、安装成套制冷设备(咨询电话:0757－83061543)。

②运输式冷藏装置。如冷藏车、冷藏船等,是远距离供货、保鲜的重要配套设备。

③气调冷藏库。气调冷藏库储藏是指通过控制和调节储藏空间气体成分,达到保鲜储藏目的的方法。目前大量采用的是塑料薄膜帐和气调保鲜塑料袋,通过人工降氧法或自然降氧法,调节帐内和袋内气体成分。气调库内氧气含量在$2\%\sim4\%$,二氧化碳含量在$3\%\sim5\%$,气温在$0\sim15℃$(摄氏度)。

第二章 食用菌保鲜储藏技术

第一节 食用菌保鲜储藏的原理

随着市场消费理念的转变,人们对食用菌产品的需求,已由传统的购买干品并在食用时浸泡复原,转向购买保持原生态田园风味、看得见的鲜活产品,因此,保鲜储藏已成为迅速兴起的加工业之一。"中国食用菌之都"的福建省古田县平湖镇,年栽培茶薪菇2亿袋,其中2/3的产品是通过保鲜加工,运往全国40多个城市销售的。全镇相应地出现200多家从事食用菌保鲜储藏的企业和专业户。建造日储藏鲜菇2～3吨的保鲜库,年经营量可达600～700吨,每吨进销差价为1000元,除成本开支之外,盈利十分可观。

一、鲜菇采后发生生理变化的原因

食用菌子实体采收后,离开了培养基,同化作用已经停止,但还是活的有机体,仍在继续进行生命活动,呼吸作用成为新陈代谢的主导过程。因此,采收后就会出现菇柄伸长、开伞、失水、失重、萎缩、液化、变褐,甚至遇超温过湿而腐烂,从而使商品价值下降,造成经济损失。鲜菇采后发生生理变化的主要原因有以下几方面:

(1)后熟作用 食用菌的后熟作用是指采收后的菌体继续生长发育,进行有氧呼吸,消耗菌体内的营养物质,表现为开伞、孢子形成与弹射、纤维化等,直接影响食用价值和商品价值。

(2)酶活性变化 采后的菌体酶活性的变化,表明其分解代谢的变化情况。这些酶活性的变化会导致代谢途径的改变,进而加速营养物质的消耗和菌体变质。

(3)糖的变化 葡萄糖、甘露糖和菌糖,是子实体和菌丝呼吸作用的主要物质基础。随着储藏时间的延长,呼吸作用把上述糖类氧化生成水和二氧化碳,从而使菌体失重,影响风味。

(4)蛋白质和氨基酸变化 采后的菌体蛋白水解酶活跃,可使蛋白质水解生成氨基酸,从而改变其风味。有些游离氨基酸可被氧化成醌类有色物质,使菌体褐变。

(5)脂类变化 大多数脂类存在于细胞膜上,它与食用菌在储藏期间的抗逆性有关。例如,草菇含有大量饱和脂肪酸,在10℃~15℃以下,经过一定的处理,具有较强的抗逆性,可储藏3~4天,但在低温保存时,由于细胞膜结构受破坏,渗透性增强,细胞液向外渗透,导致液化,甚至自溶,表现出受冻害现象。

(6)水分变化 鲜菇含水量为85%~90%。由于菌体组织疏松,在储藏过程中,蒸腾作用强烈,使菌体失水,萎缩发皱,影响商品外观,若失水过多,将影响食用菌的风味。若通风不良,蒸发出来的水分就会积在菌体表面,使其呈水浸状,促使寄居菌体表面的微生物活动,引起腐烂。

二、食用菌保鲜储藏的依据

鲜菌在保鲜储藏过程中,仍然是有生命的机体,而且正是依靠新鲜食用菌活体所特有的对不良环境和腐败微生物的抵抗性,才使其得以延长储藏时间,保持品质,减少损耗。这些特性通常称为"耐储性"和"抗病性"。鲜菇采摘后,呼吸作用直接、间接地联系着各种生理生化过程,因此也影响着耐储性、抗病性的变化。呼吸作用越旺盛,各种生理生化过程和变化越快,生命终止也就越早。这说明了在食用菌储藏、运输中抑制呼吸作用和各种代谢强度的必要性。

只有保持菇体的生命，才能使其具有耐储性、抗病性。而食用菌保鲜储藏的目的就是进一步维持鲜菇的生命活动，从而延缓耐储性、抗病性的衰变，这样才有可能延长储藏期限，达到鲜菇储藏的目的。

三、鲜菇质变因素的控制

影响鲜菇质变的因素有呼吸作用、蒸腾作用和褐变，这 3 个主要因素如果控制得当，就可充分发挥鲜菇的耐储性和抗病性。

(1)呼吸导致生理失调的控制　呼吸影响到鲜菇的生理机能、生理失调和储藏寿命等。不同品种的鲜菇呼吸强度相差很大，通常低温品种比高温品种呼吸强度低，耐储性好。因此，保鲜储藏应选择呼吸强度低的品种，以提高其耐储性，延长储藏期；还应选择孢子尚未形成的幼龄子实体，其耐储性好，储藏期长；低温能够降低鲜菇呼吸的速率，减少鲜菇的呼吸消耗和呼吸热，在不出现冻害的前提下，应尽量降低储藏温度；降低空气中氧气浓度（O_2 分压）或提高二氧化碳浓度（CO_2 分压），鲜菇呼吸均会受到抑制；机械损伤和病虫害，也会引起呼吸加强，应尽量控制。

(2)蒸腾引起失重失鲜的控制　鲜菇含水量一般为 85％～90％，储藏期内蒸腾失水过多，子实体将会很快萎蔫，即失重和失鲜。失重也称为自然消耗，失鲜则综合表现为商品价值下降。鲜菇储藏环境中空气的相对湿度要保证不低于 100％，以免由于湿度饱和差而产生蒸腾。高温也会促使鲜菇产生蒸腾，要控制好温度，以抑制鲜菇的蒸腾作用和水分的散失。通风会降低储藏环境的湿度，因此，应注意调节储藏环境的风速和风量。光照会刺激一些酶的活性和呼吸作用，同时产生热量，使鲜菇自身和环境温度升高，从而间接增强了鲜菇的蒸腾作用，因此，在保鲜期间应注意避光。

(3)结露及烂菇的预防　鲜菇采用塑料薄膜封闭储藏时,膜内常有水珠凝结,即所谓结露,俗称"出汗"。结露的原因是气温降到露点以下,过多的水分从空气中析出而在物体表面凝结成冰。防止结露的关键点是设法消除或者尽量缩小储藏环境内外的温差。采收后的鲜菇不宜采用大堆堆码,排放不要过分紧密,要留有一定的空隙或通风孔,以便排除呼吸热。采用塑料薄膜包装封闭储藏时,应该控制环境温度,使其稳定在安全温度范围内,切忌库温忽高忽低,以免膜内大量结露。

第二节　食用菌保鲜储藏的方法

一、常见食用菌保鲜储藏方式

(1)低温保鲜储藏　低温人工冷藏有两种方式,即冰藏和机械冷藏。冰藏是采集天然冻结的冰块,运到冰场储藏,再通过建造冰窖,进行鲜菇低温储藏。机械冷藏是在一个专门设计的隔热建筑(冷库)中,通过机械制冷系统的作用,使冷库内的温度降低,以进行低温储藏。食用菌的冷藏寿命通常仅有 10～20 天,而且大都是作为生产与销售的中间环节。

(2)气调保鲜储藏　气调储藏是近 20 年来世界各国公认的一种先进的果蔬储藏方法,简称 CA 储藏。气调储藏主要是通过调节储藏环境中氧气和二氧化碳的比例,适时降低空气中的氧气分压,提高二氧化碳分压,进而抑制鲜菇的新陈代谢和微生物的活动。在控制气体组成的同时,保持适宜的低温条件,使鲜菇获得最好的储藏环境。

普通气调保鲜储藏利用子实体本身呼吸,降低氧气和增加二氧化碳。根据气体成分检测结果,可开(关)通风机,控制二氧化碳,或开(关)二氧化碳洗涤器,用这种方式降低氧气和增加二氧化碳较慢,对冷库气密性的要求也较高,普通气调储藏如图 2-1 所示。

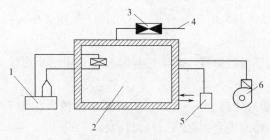

图 2-1　普通气调储藏

1.冷冻机　2.气密冷藏库　3.调压气阀
4.排气孔　5.二氧化碳洗涤器　6.送风机

(3)辐射保鲜储藏　辐射保鲜储藏在抑制蘑菇及草菇破膜、开伞方面,有很好的效果。用 γ 射线照射过的鲜菇,可以在 14℃～15℃温度条件下保鲜储藏。用 10 万拉德 γ 射线照射过的鲜菇,可有效地减少变色、开伞和菌柄伸长,并能改善菌盖表面的色泽,抑制疣孢霉等杂菌生长,一般加工采用 20 万拉德比较适宜。

辐射处理的具体方法是将成熟而未开伞的子实体,放入多孔聚乙烯塑料袋内进行照射,然后于(15±1)℃条件下储藏。通常在两周内,鲜菇可保持 90％子实体不开伞(未经照射的 3 天就开伞),并且在硬度、色泽等方面保持其商品价值。复合薄膜袋是辐射储藏的包装材料,在辐射操作时要注意安全。

(4)负离子保鲜储藏　负离子对鲜菇有良好的保鲜作用,原理是利用空气中的负离子抑制鲜菇的生化代谢过程,并净化空气。负离子发生器在产生负离子的同时还产生臭氧,而臭氧具有强氧化性,有杀菌作用。负离子保鲜食用菌,成本低、操作简便、不会残留有害物质。

负离子保鲜储藏方法是将当天采下的鲜菇,不经洗涤,装入

0.06毫米厚的聚乙烯袋中,在15℃～18℃条件下存放,每天用负离子处理1～2次,每次20～30分钟,负离子浓度$1×10^5$个/立方厘米。南京纯涯机电研究所是生产负离子发生器的专业厂家(咨询电话:13057616771)。

(5)化学保鲜储藏 化学保鲜储藏通常用于短期储藏或鲜菇护色。

①稀盐酸处理。用0.05％的稀盐酸溶液浸泡鲜菇,短期储藏,可达到抑制褐变,减少开伞的目的。

②氯化钠处理。氯化钠即食盐,将鲜菇放入0.6％的盐水内,浸泡10分钟后,捞出沥干水分,装进塑料袋内。在10℃～25℃条件下,经4～6小时,袋内的鲜菇可变成亮白色,这种新鲜状态可保持3～5天。

③焦亚硫酸钠处理。先用0.01％焦亚硫酸钠($Na_2S_2O_3$)水溶液漂洗鲜菇3～5分钟,再用0.1％焦亚硫酸钠水溶液浸泡30分钟,然后捞出沥干,装进塑料袋储藏。在室温10℃～15℃条件下,鲜菇色泽可长时间保持洁白。

④抗坏血酸混合液处理。用0.05％抗坏血酸和0.02％柠檬酸配成混合液,浸泡鲜菇10～20分钟,取出沥干后装入塑料袋储藏,能延缓衰老,保持新鲜。

⑤比久(B_9)处理。比久是一种植物生长延缓剂,用0.1％的比久水溶液浸泡鲜菇10分钟后沥干,储藏于塑料袋内,在室温5℃～22℃条件下,可保存8～10天,能有效地防止褐变,延缓衰老,保持新鲜。

二、食用菌保鲜储藏实例

1.香菇出口冷藏保鲜

香菇保鲜出口要求保持原有产品形态、色泽和田园风味。

(1)冷藏保鲜设施　根据本地区栽培面积的大小和客户需求的数量,确定建造保鲜库的面积。其库容量通常以能容纳鲜菇3～5吨为宜。也可以利用现有水果保鲜库储藏。

保鲜库应安装压缩冷凝机组、蒸发器、轴流风机、自动控温装置、供热保温设施等。如果利用一般仓库改建成保鲜库,也需安装有关机械设备及工具。冷藏保鲜的原理是通过降低环境温度来抑制鲜菇的新陈代谢和腐败微生物的活动,使之在一定的时间范围内保持产品的鲜度、颜色、风味不变。香菇组织在 4℃以下停止活动,因此,保鲜库的温度以 0～4℃为宜。

(2)鲜菇规格质量标准　保鲜出口的香菇要求朵形圆整、菇柄正中、菇肉肥厚、卷边整齐、色泽深褐、菇盖直径 3.8 厘米以上、菇体含水量低,无粘泥、无虫害、无缺破,保持自然生长的优美形态。符合要求者可进行冷藏保鲜,不合标准者,可进行烘干加工处理。如果采前 10 小时内喷过水,就不合乎保鲜质量要求。

(3)保鲜加工操作程序　一般经过晾晒排湿、分级精选和入库保鲜 3 个步骤。

晾晒排湿是将经过初选的鲜菇,一朵朵菌盖朝天摊铺于晒帘上,置于阳光下晾晒,让菌体内水分蒸发。晾晒的时间,秋冬菇本身含水率低,一般晒 3～4 小时;春季菌体含水率高,需晒 6 小时左右;夏季阳光热源强,晒 1～1.5 小时即可。晾晒排湿后的标准是,以手捏菌柄无湿润感,菌褶稍有收缩。一般经过晾晒后的香菇,其脱水率为 25％～30％,即每 100 千克鲜菇,只有 70～75 千克的实得量。

分级精选是按照菌体大小进行分级。采用机械分级机分级,也可采用白铁皮制成"分级圈",一般分为 3.8 厘米、5 厘米、8 厘米 3 种不同直径的分级圈。同时剔除菌膜破裂、菌盖缺口斑点、变色、畸形等不合格香菇,然后按照大小规格分别装入专用塑料

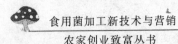
筐内,每筐装 10 千克。

入库保鲜是将精选后的鲜菇及时送入冷库内保鲜。冷库温度控制在 0～4℃,使菇体组织处于停止活动状态。入库初期不剪菇柄,待确定起运前 8～10 小时,才可进行菇柄修剪。如果先剪柄,就容易变黑,从而影响质量,因此,在起运前必须集中人力突击剪柄。菇柄保留的长度按客户要求,一般为 2～3 厘米,剪柄后纯菇率为 85％左右,然后继续入库冷藏散热,待装起运。

(4)保鲜包装运输　鲜菇保鲜包装箱是采用泡沫塑料制成的专用保鲜箱,内衬透明无毒薄膜,每箱装 10 千克。包装物应符合GB 9688—1998《食品包装用品卫生标准》,另一种采用透明塑料袋小包装,每袋 200 克、250 克不等,采取白色泡沫塑料盒,每盒装6 朵、8 朵、10 朵不等,排列整齐,外用透明塑料保鲜膜包裹,然后装入纸箱内,箱口用胶纸密封。包装工序需在保鲜库内控温条件下进行,以确保温度不变,鲜菇包装后要用专用冷藏汽车等迅速送达目的地。销往日本、新加坡等地的鲜菇,多采用空运,几小时内到达国外;运往国内超市的鲜菇多用冷藏车送到销售地冷库。由于保鲜有效期一般为 7～10 天,所以起运地点到交接地点,以及国外航班时间都要衔接好,以免误时影响鲜菇品质。

(5)产品标准　香菇标准总体要求按照国家农业部 NY/T749—2003《绿色食品　食用菌》标准和 NY 5095—2002《无公害食品　香菇》农业行业标准执行,我们对应国外有关标准作了一些简单介绍,供读者参考。香菇保鲜品可参照国家质量监督检验检疫总局制定的标准,GB 19087—2003《原产地域产品　庆元香菇》,这个标准适于我国南北方代料栽培的香菇产品。

①保鲜香菇的感观指标见表 2-1。

表 2-1　保鲜香菇的感观指标

项　目	指　标		
	一级	二级	三级
菌盖厚度/厘米	1.2	1.2	0.8
开伞度/分	5	6	7
菌盖直径/厘米	4.0 均匀	3.0 均匀	3.0
残缺菇率(%)	1.0	1.0	3.0
畸形菇、薄菇、开伞度超标菇占总量率(%)	1.0	2.0	3.0

②保鲜香菇的理化指标见表 2-2。

表 2-2　保鲜香菇的理化指标

项　目	指　标
水分(%)　　　　　　≤	86%(菌盖表面干爽、有纤毛或鳞片、手摸不粘、运往销售地的菌体不出现水珠)
精蛋白(以干重计)(%)　≥	15.0
粗纤维(以干重计)(%)　≤	8.0
灰分(以干重计)(%)　　≤	8.0

③香菇卫生安全指标。应符合国家农业部 NY 5095—2002《无公害食品　香菇》卫生指标和 WY/T 749—2003《香菇农残最大限量指标》。

2. 白灵菇低温保鲜

白灵菇作为高档食用菌，主要以保鲜应市为主，国内外市场对白灵菇的质量要求十分严格。为了延长储藏时间、保证质量安全、外形鲜靓清爽、提高商品价格档次，我们向大家推荐郭恒等研发的保鲜技术：

(1)采收要求　保鲜白灵菇要求菌盖已平展、边缘仍有内卷时采收。此时菇体饱满、滑润、清亮、洁白。若过早采收，子实体大小和质量就达不到指标范围；若推迟采收，则子实体已过熟，菌盖边上翘，大量孢子释放，消耗营养，接近衰老。从白灵菇生长期来看，由现蕾到采收一般为 15 天左右，但温度低时可能需 20～30天。选择晴天中午前开采，采收时用锐刀沿培养基表面把菌体完整地采下，并将粘附在菌体表面的异物轻轻去掉。切去菌柄，注意切口要平齐。然后按大小、形状、重量不同分别放入塑料泡沫箱中。从采收到入箱，都要轻拿轻放，防止碰破、划伤，以保持菌体的完整与洁净。为确保产品质量，采收前 3 小时不应喷水。阴雨或浓雾天，菇体表面细胞膨胀，易造成机械损伤，且菇体盖潮湿，易受病源微生物侵染，因此要引起注意。

（2）鲜菇预冷　白灵菇采收后，3～6 天鲜菇内水分大量散失、菌褶开始变褐、风味变劣、商品价值下降，为此采收后要及时移入 0℃～1℃的冷库中预冷 15～20 小时。预冷的目的是除去鲜菇从田间带来的热量，使组织温度降低到一定程度，以延缓代谢速度，防止失水、变黄或腐软。预冷的时间，以菌体中心部位温度降到与冷库温度相同为宜。冬季当外界气温在 0℃左右时，菌体温度低，不需冷库预冷。鲜菇在－0.5℃以下会产生冻害，应该注意。

（3）包装技术　经过预冷的鲜菇，应进行分级整修和包装。先把每朵菇用 27 厘米×27 厘米的食品包装纸包上。包装纸应符合 GB 1168《食品包装用原纸卫生标准》。包好的鲜菇一个一个逐层摆放在塑料泡沫箱中，每箱净重 5 千克。箱底铺 2～3 层包装纸，鲜菇上面孔隙也用包装纸填满，箱口用胶带贴封。塑料泡沫箱的外形尺寸为长 48 厘米、宽 32 厘米、高 20 厘米。塑料泡沫箱要符合国家标准 GB 9687—1988《食品包装用聚苯乙烯树脂成型品卫生标准》，泡沫箱密度≥14 克。包装车间温度恒定在 5℃～10℃。包装后放回 0℃的冷库内暂存。白灵菇分级标准与每箱装菇朵数见表 2-3。

表 2-3　白灵菇分级标准与每箱装菇朵数

级　别	每箱装菇朵数
特-1、特-2、特-3	22～28(175～225 克/朵)
A-1、A-2、A-3	29～33(150～174 克/朵)
B-1、B-2、B-3	24～50(125～149 克/朵)
C-1、C-2、C-3	51～66(75～124 克/朵)
D-1、D-2、D-3	67～100(50～74 克/朵)
E-1、E-2、E-3	≥101(≤49 克/朵)

(4)运输技术处理　根据运达市场时间的长短,进行技术处理。据苏云忠(2005)试验,运输时间在 48 小时内,可在泡沫包装箱内两侧各放一袋降温冰块,常用 12 厘米塑料袋,每袋装入碎冰 4～5 千克,扎牢袋口,然后盖好箱盖,用塑料胶带密封,采用普通汽车即可发运。如果运输时间需 10 天,应采用冷藏车运送,温度控制在 1℃±0.5℃。采取上述技术处理,一般鲜菇储藏期为 25～35 天,好菇率达 97%～100%,褐变率为 1.5%,软化率为 1%,失重率为 1.5%,没有软化腐烂、开裂残缺、褐色和萎黄,且无异味。

(5)产品标准　根据主产区地方标准和企业标准,无公害白灵菇产品质量标准供参考。

①鲜品分级感观指标。无公害白灵菇鲜品分级感观指标见表 2-4。

表 2-4　无公害白灵菇鲜品分级感观指标

等级	单菇重量/克	一级	二级	三级	备　注
特	173～225,含水量≤85%	扇形、基本平展、完整、有卷边、白色,厚≥2.5 厘米,菌褶不破不倒,乳白色	扇形、欠平展、完整、有卷边、有少量斑块、白色,厚≥2.5 厘米,菌褶有少量倒或破,乳白色	菌盖畸形、有卷边、有少量斑块、完整、白色,厚≥2.5 厘米,菌褶有少量倒或破,乳白色至乳黄色	特-1 级中 180 克以下鲜销,其余 2 朵装罐头

续表 2-4

等级	单菇重量/克	一级	二级	三级	备 注
A	150～174，含水量≤85％	扇形、基本平展、完整、有卷边、白色、厚≥2.5厘米，菌褶不破不倒，乳白色	扇形、欠平展、完整、有卷边、白色、厚≥2.5厘米，菌褶有少量倒或破，乳白色	菌盖畸形、有卷边、有少量斑块、完整、白色，厚≥2.5厘米，菌褶有少量倒或破，乳白色至乳黄色	A级鲜销
B	125～149，含水量≤85％	扇形、基本平展、完整、有卷边、白色、厚≥2.5厘米，菌褶不破不倒，乳白色	扇形、欠平展、完整、有卷边、有少量斑块、白色、厚≥2.5厘米，菌褶有少量倒或破，乳白色	菌盖畸形、有卷边、有少量斑块、完整、白色，厚≥2.5厘米，菌褶有少量倒或破，乳白色至乳黄色	制3朵装罐头
C	75～124，含水量≤85％	扇形、基本平展、完整、有卷边、白色、厚≥2.5厘米，菌褶不破不倒，乳白色	扇形、欠平展、完整、有卷边、有少量斑块、白色、厚≥2.5厘米，菌褶有少量倒或破，乳白色	菌盖畸形、有卷边、有少量斑块、完整、白色，厚≥2.5厘米，菌褶有少量倒或破，乳白色至乳黄色	加工盐渍菇或鲜销或加工4～5朵装罐头
D	50～74，含水量≤85％	扇形、基本平展、完整、有卷边、白色、厚≥2.5厘米，菌褶不破不倒，乳白色	扇形、欠平展、完整、有卷边、有少量斑块、白色、厚≥2.5厘米，菌褶有少量倒或破，乳白色	菌盖畸形、有卷边、有少量斑块、完整、白色，厚≥2.5厘米，菌褶有少量倒或破，乳白色至乳黄色	加工盐渍菇或鲜销

续表 2-4

等级	单菇重量/克	一级	二级	三级	备　注
E	49,含水量≤85%	扇形、基本平展、完整、有卷边、白色、厚≥2.5厘米,菌褶不破不倒,乳白色	扇形、欠平展、完整、有卷边、有少量斑块、白色,厚≥2.5厘米,菌褶有少量倒或破,乳白色	菌盖畸形、有卷边、有少量斑块、完整、白色,厚≥2.5厘米,菌褶有少量倒或破,乳白色至乳黄色	市场鲜销

②保鲜菇理化指标。目前白灵菇采用 PE(聚乙烯薄膜袋)抽真空减压、低温保鲜进城应市,其货架期可达 25 天,在保质期内,白灵菇低温储藏保鲜理化指标见表 2-5。

表 2-5　白灵菇低温储藏保鲜理化指标

项目		物理性状和允许变幅指标
色泽		乳白、无褐变、萎黄,菌褶微黄或米黄,褐变率≤1.5%
质地		菌盖紧实有弹性,软化率≤1.5%
形状		朵形完整,保持原有自然形态不变,无萎缩、开裂、残缺
气味		特有菇香、无异味、鲜美风味不变
失重率	≤	2.5%(原始重量值比)
蛋白质	≤	3.5%(原始重量值比)
碳水化合物	≤	1.5%(原始重量值比)
脂肪	≤	1.5%(原始重量值比)
粗纤维	≤	±2.5%(原始重量值比)

③产品卫生指标。白灵菇保鲜品卫生安全指标,应符合国家卫生部 GB 7096—2003《食用菌卫生标准》。

3. 杏鲍菇低温保鲜

杏鲍菇近年来发展较快,仅福建漳州市就有 40 家杏鲍菇加

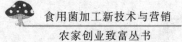
工厂。杏鲍菇周年制工厂化生产的产品,主要是保鲜应市。

(1)原料选择 杏鲍菇一般从现蕾后 10 天,子实体即可采收,最佳采收期为八成熟,其标准是菌盖即将平展、孢子尚未弹射、菌柄长至保龄球状或棍子棒状、长 15 厘米以上。采收标准还应根据市场需要而定,出口外销要求菌盖直径为 4～6 厘米,菌柄长 6～8 厘米。为了获得优质商品菇,在采摘前 1 天,空间停止喷水,以免菇体因含水量过高而使品质下降。为防止开伞过度,春栽每天早晚各采 1 次,秋栽在发运当天上午采摘。鲜菇采下后,应放在垫有纱布的塑料框内,不可挤压,以防破损或带入杂质。

(2)降温处理 杏鲍菇的保鲜期比一般菇类长,在 4℃冷藏设备条件下,敞开放置 10 天不会变质;自然气温 10℃下可放置 5～6 天,15℃～20℃下也可放置 2～3 天不变质。若采收后的鲜菇含水量较高,冷藏时极易引起冻害,或在存放过程中引起发热变质。故采收的鲜菇应采用晾晒、热风排潮(干热风 40℃左右)或用去湿机降湿,使鲜菇含水量降至 80%左右。

(3)装框冷藏 经过降湿处理的鲜菇,待菌体温度降至自然温度后,装入塑料周转箱内,移入 1℃～4℃冷库内,进行短期储存,等待分级包装。鲜菇在冷藏过程中应尽量减少储温的波动,尤其要防止因低温中断,使库温上升到 20℃以上而造成菌体鲜度下降,甚至变质。冷藏换气要在自然气温较低的晴天进行,并同时起动制冷机,以防止库温波动。

(4)包装运输 包装应于起运前 8～10 小时在冷库内进行。按照客户的要求进行分级,切除菌柄,将同样等级的鲜菇按规定重量装入塑料袋,抽真空后再装入塑料泡沫箱内,加盖密封,然后再装入瓦楞纸箱内,用胶带纸封口;或按客户要求,将鲜菇定量装入塑料托盘,用保鲜薄膜包好密封,再装入瓦楞纸箱内,胶带纸封口。

鲜菇包装后要及时运达港口或客户指定地点。在气温低于

15℃时,可用普通货车运送;气温高于 15℃时,需用冷藏车(车内温度为 1℃～3℃)运送。在发运时,要考虑到达口岸或客户指定地点所需运输时间是否在有效保鲜期内,以免影响保鲜效果。

(5)产品标准 杏鲍菇产品目前还没有国家标准。现以福建省漳州市杏鲍菇生产技术规范中的产品标准(ZLH/T 005.3—2007)供参考。

①鲜品感观指标。杏鲍菇鲜品感观指标见表 2-6。

表 2-6 杏鲍菇鲜品感观指标

项 目	指 标		
	一级	二级	三级
色 泽	菌盖浅灰色,淡黄色,表面有丝状光泽;菌肉白色;菌褶白色或近白色;菌柄白色、近白色或淡黄色至灰褐色		
气 味	具有杏鲍菇特有的杏仁香味,无异味		
形 状	菌盖圆弧形或扁平,菌柄柱状或棒槌状,长度、体形基本一致	菌盖圆弧形或扁平,菌柄柱状或棒槌状,长度、体形基本一致	菌盖圆弧形或扁平,菌柄柱状或棒槌状,体形基本一致,部分畸形
菌柄直径/厘米	≤5.0	≤4.0	≤3.0
菌柄长度/厘米	15～25	10～15	5～10
碎菇率(%)	无	无	≤3.0
附着物率(%)	≤0.3	≤0.3	≤0.3
虫伤菇率(%)	无	≤1.5	≤2.0
有害杂质	无		
异 物	不允许混入虫菇、异种菇、活虫体、毛发及塑料、金属等异物		

②理化指标。杏鲍菇鲜品理化指标见表2-7。

表2-7　杏鲍菇鲜品理化指标

项　目	指　标
水　分(%)	≤90
粗蛋白(%)	≥3.2
粗纤维(%)	≤1.4
灰　分(%)	≤1.0

③卫生指标。杏鲍菇卫生指标执行 GB 7096—2003 标准。

4. 超市鲜菇 MA 保鲜

利用塑料薄膜封闭气调法,也称为简易气调或限气储藏法,简称 MA 储藏。在全国各地超市的冷柜内,经常可以看到用保鲜盒、保鲜袋包装的各种新鲜食用菌,如双孢蘑菇、鸡腿蘑、香菇、木耳、姬菇(小平菇)、真姬菇(蟹味菇)、杏鲍菇、白灵菇、金针菇、秀珍菇、香白蘑、滑菇等,这些大多是利用 MA 储藏鲜菇的形式。

(1)MA 保鲜原理 MA 保鲜储藏法是在一定低温条件下,对鲜菇进行预冷,并采用透明塑料托盘配合不结雾拉伸保鲜膜,进行分级小包装,简称 CA 分级包装,然后进入超市货架展销。可改观购物环境,目前在国内外超市极为流行。拉伸膜包装的原理,主要是利用菌体自身的呼吸和蒸发作用来调节包装内的氧气和二氧化碳的含量,使鲜菇在一定的销售期间保持适宜的鲜度和膜上无"结霜"现象。近年来随着超市的风行,国内科研部门极力探索这种超市气调包装技术。

(2)保鲜包装材料 现有对外贸易上通用塑料袋真空包装及网袋包装外,多数采用托盘式的拉伸膜包装。托盘规格按鲜菇100 克装为 15 厘米×11 厘米×2.5 厘米,200 克装为 15 厘米×

11厘米×3厘米,300克装为15厘米×11厘米×4厘米。拉伸保鲜膜宽30厘米,每筒膜长500米,厚度10～15微米。拉伸膜要求透气性好,有利于托盘内水蒸气的蒸发。目前常见的塑料保鲜膜及包装制品,有适于鲜菇超市包装的密度为0.91～0.98克/立方厘米的低密度聚乙烯(LKPE),还有热定型双向拉伸聚丙烯材料制成极薄(<15微米)(OPP)防结雾的保鲜膜,这些薄膜有类似玻璃般的光泽和透明度。托盘采用聚苯乙烯(PS)材料,利用热成塑工艺,制成不同规格的托盘。

(3)套盘包装方法 按照超市需要的品种,按大小不同规格进行分级包装。包装机械采用日本产托盘式薄膜拉伸裹包机械和袋装封口机械,有全自动和半自动两种。目前国内多采用手工包装机,包装台板的温度计为高中低3档,以适应不同材料及厚度的保鲜膜包装用。分别按鲜菇大小不同规格包装,香菇以鲜品100克/盘,托盘排放时分为L级大4朵,M级中5～6朵,S级小8朵,形成一盘形态美观的菇花。而滑菇、金针菇、真姬菇、灰树菇一般以每盒100克或200克装量,袋装的500克量。包装时将鲜菇按大小、长短分成同一规格标准定量,排放于托盘上,要求外观优美,菇形整齐,色泽一致,然后用保鲜膜覆盖在托盘上,并拉紧让其紧缩贴于鲜菇上即可,一个熟练女工每小时可包装100克量的鲜菇300～400盒。

(4)产品分级标准 保鲜食用菌的等级标准,按照各个市场需要制定。规格上分为A、B、C、D、E 5个级别,是以菌盖直径大小、开伞程度、菌柄长短、朵形好坏、色泽程度等标准来划分的。介绍福建省地方标准DB 135T/1435—2001,双孢蘑菇鲜品分级感观指标见表2-8。

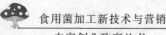
表 2-8　双孢蘑菇鲜品分级感观指标

项目		指标	
		一级	二级
色泽		白色	
气味		具有鲜蘑菇固有气味、无异味	
形态	菌盖	整只带柄，形态完整，呈圆形或近似圆形，直径 20～50 厘米	整只带柄，形态完整，呈圆形或近似圆形，直径 20～50 厘米
	菌柄	切削平整，长度≤10 毫米	
	其他	无畸形、无开伞、无薄菇、无鳞片、无空心、无斑点、无虫害、无机械伤、无变色菇、无脱柄、无烂柄、无溃水、菇柄不带土	菌褶不变红、不发黑、无开伞，小畸形菇≤10%，无脱柄、无烂柄、菇柄不带土；允许小空心、轻微机械伤
杂质		≤0.5%	≤1.0%

(5)商品货架保鲜期　MA 保鲜储藏的鲜菇,在超市冷藏货柜上,除草菇 15℃外,其他品种均为 0～4℃条件下储藏。商品货架期应根据食用菌性质而定,白灵菇、杏鲍菇、金针菇等鲜菇紧密度强,货架期可达 20～25 天;而茶薪菇、金针菇、秀珍菇、滑菇、平菇、凤尾菇等货架期为 15～20 天;草菇、大球盖菇等易开伞的品种一般为 7～10 天。用 MA 保鲜储藏的双孢蘑菇,采后要适当进行预处理,用 0.05%维生素 C 浸泡鲜菇 8 分钟,可以显著地提高储藏保鲜效果,抑制鲜菇褐变、破膜和开伞。

5. 双孢蘑菇速冻保鲜

食用菌产品采取速冻保鲜能保持原有菌体形态和风味,这是现代保鲜加工方法中的一种新技术。双孢蘑菇为世界性的食用菌品种,国际贸易量大,是最先采用速冻储藏出口的菌类之一。蘑菇速冻储藏的工艺流程为原料选择→护色→清洗杀青→冷却摆盘→速冻→挂冰衣→分级包装→储藏→解冻。

(1)选料护色 采收新鲜、洁白、形态完整的鲜菇,除去病虫害菇、畸形菇及开伞菇,保留菌柄1～2厘米为速冻原料。为了有效地抑制产品劣变,鲜菇应进行护色养护。常用的方法是将整理后的鲜菇,立即浸泡在0.6%～0.8%的食盐溶液中,食盐溶液中含氧量少可延缓酶促褐变,起到护色作用,但浸泡时间以4～6小时为好。也可以配制0.03%～0.05%的焦亚硫酸钠30～50克,先用少量水充分溶解护色剂,再加到专用水池或缸内水中,使其均匀一致,将鲜菇倒入护色液漂洗1～2分钟,捞出再放到加满清水和护色剂的塑料桶内,使鲜菇浸没水中,每2小时换一次护色液。

(2)清洗杀青 鲜品进厂后要立即滤去护色液,将鲜菇置于清水中漂洗,除去硫化物残留液,并随即将鲜菇倒入已沸腾的盐开水锅中(每100千克水加食盐5～7千克),每100千克盐开水放40千克鲜菇,旺火煮沸,用木棒搅动,保温2～4分钟,使鲜菇内外熟透一致。杀青用的容器应采用铝锅、搪瓷锅或不锈钢锅,禁用铁锅及铁制品接触鲜菇,以免引起变色。

(3)冷却速冻 杀青后的菇体立即捞出,置于流水池中迅速冷却,防止鲜菇因局部受热而腐烂变质。冷却后的鲜菇经过分拣,除去破碎菇、烂菇,并将鲜菇单层摆放于专用盘上,置于速冻室冷冻。在速冻前,一般要对鲜菇先进行预冷处理,预冷温度为0～5℃。经预冷后,立即开动冻结机,对产品进行深度冷冻。冻结温度一般在－37℃～－40℃,个别情况下达－60℃,时间为30～40分钟,冻结产品中心温度为－18℃～－25℃。

(4)挂冰衣 冷冻结束后,将冻结产品进行一次检查,为防止产品互相粘连,需要对冷冻产品用小木植轻轻敲开,使其冻结块状分散成单个,并立即置于竹篓中,每篓约装2千克左右,随即将竹篓一同浸入 2℃~5℃ 的清洁冷水中,经 2~3 秒钟,提出竹篓倒出鲜菇,使鲜菇表面很快形成一层透明薄冰层,称为挂冰衣。使产品与外界空气隔绝,防止菌体干缩、变色等。

(5)分级包装 我国鲜蘑菇分为一级、二级、三级及等外级 4 个级别。一级菌盖直径 5 厘米、柄长 2 厘米,菌色明亮、肉质肥厚有菌香等;二级菌盖直径 10 厘米、柄长 2 厘米,其余同一级菇;三级菌盖直径 15 厘米、柄长 4 厘米,其余同一级菇;菌盖直径大于 15 厘米,其余同一级菌者属等外菇。以上各等级鲜菇,经杀青冻结后其菌体会收缩 1/10 左右。按不同级别分别装入纸盆或塑料袋中,再装入纸箱中,每件 0.5~2.5 千克不等。并在外包装上注明产品名称、规格、储藏条件、食用方法、生产日期及厂家等。

(6)储藏解冻 速冻必须将鲜菇置于低温冷库中冻藏,储藏温度应为 -18℃±1℃,相对湿度为 95%~100% 条件下。速冻鲜菇严禁与其他有挥发性气味或腥味冷藏品混藏,以防串味,速冻鲜菇储藏期为 1 年。解冻一般是置于普通家用冰箱内、室温下或冷水中进行,此过程越短越好。解冻后的产品不宜长时间放置,要尽快食用或加工,烹调时间以短为宜。

(7)产品标准 速冻蘑菇产品应符合农业行业标准 NY 5097—2002《无公害食品 双孢蘑菇》各项指标要求。

6. 鸡腿蘑出口保鲜

鸡腿蘑近年来发展极快,产区遍及南北省区,产品主要以内销为主,出口量也逐年上升。

(1)原料要求 用于出口保鲜的鸡腿蘑,采收适宜期为菇蕾期,即菌盖紧包菌柄、菌环尚未松动或刚刚松动、菌体六七分成熟时采收。特大品种高度为 15~20 厘米,普通品种为 8~15 厘米。采收时按菌体大小分开放置,轻拿轻放。菌脚用不锈钢刀切削整齐、干净。菌体要求无泥土、无杂质、无破损,含水量在 90% 以下。

(2)脱水降湿 出口保鲜品分空运和海运,空运菌的含水量要求在90%以下;海运菌的含水量要求在65%~70%,且菌体表面不能因失水而发皱。为了使菌体含水量符合出口要求,需对菌体进行降湿,其方法是将鲜菇摊开,用冷风机吹或先将鲜菇摊开晾晒至手摸有点干的感觉;还可采用低温干燥脱水法,在冷库内增加1台除湿机,降低库内湿度,再打开制冷机的风机,使菌体经低温干燥含水量降至达标。

(3)包装入箱 经过排湿处理后的鲜菇,按菌体大小分别装入塑料托盘盒内,每盒净重500克,密封盒口,放入冷藏纸箱内,每箱装10盒或20盒。也可采用简易包装,即用保鲜袋包装,每袋装入5千克或10千克,抽去袋内空气,扎紧袋口。放入泡沫箱内,泡沫箱外再套纸箱,密封箱口。

(4)调运外销 包装好的鲜菇应及时组织调运或外销,若不能及时外调,应放在冷库内或放在0℃左右的低温环境,时间一般不能超过3天,否则菌体颜色变深,菌柄切口发黑,品质下降,从而影响销售。

(5)产品标准 鸡腿蘑产品标准可参照NY 5246—2004《无公害食品 鸡腿蘑》农业行业标准执行。

7.草菇保鲜储藏

草菇是最不易储藏的品种。采收季节正值热天,采后菌伞继续伸张,气温30℃左右时开伞需3小时,开伞率在20%以上;超过6小时,开伞率在40%以上。草菇一旦开伞,品质风味降低,就不适于加工,甚至失去商品价值。因此,草菇的保鲜储藏主要是控制开伞。

(1)冷冻储藏 采用长方形运菇木箱,箱内铺垫一块塑料薄膜,箱底放一层约5厘米厚的碎冰块,加盖小竹帘,中部放一袋水(装在塑料袋内),然后在箱内放草菇,每箱装6千克左右,约七八

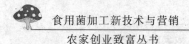
成满,然后将四周的薄膜向内折叠,盖在草菇上。上面加一块薄膜,并放碎冰一层,厚 5 厘米左右,再盖好箱盖。这样的储藏或运输,可大大降低草菇的开伞率。

冷冻储藏保鲜的草菇,解冻之后,风味虽然不逊,但菌体变软、液化、外观较差。为克服这一缺点,可把鲜草菇装在有孔的塑料袋内,放入 15℃～20℃的冷库中,可储藏 4 天,但会失重 10%。这种方法草菇不会受冻害,可有效地抑制草菇的破膜和开伞,菌体不会变软,风味如初。

(2)辐射储藏 将刚采下的鲜草菇放于纸盒或纸箱内,用钴 60γ 射线辐射,剂量为 5 万～15 万拉德。辐射后的草菇放入 15℃～20℃的冷库,储藏两天,开伞率 6.7%,色泽、硬度、风味不逊。

(3)稀酸保鲜 将食用盐酸配成 5% 原液,加水稀释 100 倍,即成 0.05% 稀盐酸溶液。将验收合格的鲜草菇,经清水漂洗后晾干,装于桶内,加入 0.05% 稀盐酸溶液。浸液与草菇的比例为 1.2:1,然后盖严,以减少与空气的接触,使用前排去酸液、洗净。经酸液浸泡的草菇,风味稍淡,加工罐头时,在汤汁中另加 0.15% 的味精弥补。

(4)产品标准 草菇保鲜品可参照农业行业标准 NY/T 833—2004《草菇》有关规定指标。

8.侧耳类食用菌保鲜储藏

侧耳类是南北省区栽培比较普遍的菌类,市场常见的有平菇、鲍鱼菇、金顶蘑、凤尾菇、秀珍菇、北风菌、香白蘑等。这些菌类子实体形成之后,呼吸作用特别强,孢子释放后菌体迅速衰败,嫩性下降,易折易碎,易产生异味。因此,原料菇应当选用幼嫩子实体,过熟的不宜取用。

(1)低温储藏 采后的菌体,去杂质之后,放在塑料袋中(最好打几个孔),扎口,放于 3℃～4℃冷库中储藏;也可用塑料筐装菇,在同样的温度下,空气相对湿度控制在 80％～85％,两种方法可保鲜 7～10 天。

(2)负离子储藏　将当天采收、中度成熟的鲜菇,不经洗涤,置于聚乙烯稀薄膜罩内,在室温 15℃～18℃条件下存放,每天用负离子处理 1～2 次,每次处理 20～30 分钟,负离子浓度为 $1×10^5$ 个/立方厘米。储藏 10 天,菌体外观仍不失原状;15 天的平菇、凤尾菇质地鲜嫩,有一定韧性,风味与刚采下的鲜菇没有多大差别。

(3)气调储藏　平菇能耐高二氧化碳,用普通聚乙烯塑料袋包装储藏,也可达到气调储藏的目的。用 0.025 毫米厚聚乙烯薄膜制成 0.5 千克装储藏袋,袋中氧气的含量能满足 0.5 千克鲜菇呼吸的需要,供氧量在 0.1％左右,24 小时内使袋内二氧化碳达到平衡 4％～5％。在薄膜袋内还可放纸质盒,以吸收冷凝水,在室温内可保鲜 7 天。应注意如果储藏时间过长、袋内二氧化碳浓度过高,就会影响鲜菇的风味。

(4)产品标准　侧耳类产品标准可参照 NY 5096—2002《无公害食品　平菇》农业行业标准执行。

第三章 食用菌干制加工技术

第一节 食用菌脱水干制的原理

一、脱水干制加工的特点

食用菌干制加工是一种传统加工方法,通常称为脱水、烘干、烤干。干制分为日晒风吹自然干燥、烘房烤干、机械脱水干燥,以及近年来新兴的真空冷干加工等不同方式。它是在自然条件或是人为机械设备条件下,促使菌体中水分蒸发的工艺过程。其特点是设备可简可繁,操作技术容易掌握,可就地取材、就地加工。干制品耐储藏,不易腐败变质,对香菇、茶薪菇、姬松茸、鸡腿蘑一类,通过烘干还可增加香味,因此,食用菌干制加工是我国过去、现在和将来的一种既经济,又实用的加工技术。

食用菌干制的目的,在于将鲜菇表面的水分减少,亦称为脱水,将可溶性物质的浓度增加到微生物不能利用的程度,同时使菌体本身所含的酶活性受到抑制,达到产品能够长期保藏的目的。

二、脱水干燥的机理

(1)湿度梯度 当菇体水分超过平衡水分时,菌体与介质接触,由于干燥介质的影响,菌体表面开始升温,水分向外界环境扩散。当菌体水分逐步降低,表面水分低于内部水分时,内部水分便开始向表面移动。因此,菌体水分可分若干层,由内向外逐层降低,称为湿度梯度,它是香菇脱水干燥的一个动力。

(2)温度梯度　在干制过程中,有时采用升温、降温、再升温的方法,形成温度波动。当温度升高到一定程度时,菌体内部受热;再降温时,菌体内部温度高于表面温度,这就构成内、外层的温度差别,称为温度梯度。水分借温度梯度,沿热流方向迅速向外移动而蒸发。因此,温度梯度也是香菇干燥的一个动力。

(3)平衡等度　干制过程是菌体受热后,热由表面逐渐传向内部,温度上升造成菌体内部水分移动。初期,一部分水分和水蒸气的移动,使菌体内、外部温度梯度降低;随后,水分继续由内部向外移动,菌体含水量减少,即湿度梯度变小,逐渐干燥。当菌体水分减少到内外平衡状态时,其温度与干燥介质的温度相等,水分蒸发过程就停止了。

三、影响鲜菇干燥速度的因素

鲜菇在干制过程中,干燥速度的快慢对干制品质量的好坏起决定性作用。当其他条件相同时,干燥速度愈快,品质愈好。而干燥的速度取决于干燥介质的温度、相对湿度和气流循环速度。

(1)干燥介质的温度　干燥时利用的热空气称为干燥介质,热空气是湿的,是干空气和水蒸气的混合物。当这种热空气与湿润的原料接触时,将所带来的热放出,原料吸收了热量,使它含的一部分水分汽化,空气的温度因而降低。因此,要使菌体干燥,就必须持续不断地提高干空气和水蒸气的温度。

(2)干燥介质的湿度　空气温度升高,相对湿度就会降低;反之,温度降低,相对湿度就会升高。在温度不变的情况下,相对湿度愈低则空气的饱和差愈大,菌体干燥速度也就愈快,所以在干燥过程中,要合理控制升温与降湿。

(3)气流循环速度　干燥空气流动速度愈快,菌体表面水分

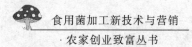
蒸发愈快;反之,则愈慢。加快气流速度,既有利于将热量传递给菌体以维持其蒸发速度,又可将菌体蒸发水分迅速带走,并不断补充新鲜未饱和的空气,促进菌体表面水分不断蒸发。

四、菌体在干燥过程中的变化

(1)重量与体积的变化 在干燥过程中,菌体中的水分不断蒸发,细胞收缩,因此,干制品其重量仅为鲜品重量的 5%～15%,体积仅剩 30%～40%,并且菌体表皮出现皱折。

(2)颜色的变化 鲜菇在干制过程中或干制品的储藏中,常发生褐变现象,使菌体变成黄褐色至深褐色,或者黑色。褐变分为酶促褐变和非酶促褐变。为防止酶促褐变,可把干制前的原料经过热烫和二氧化硫预处理,或用氯化钠、抗坏血酸等溶液进行预处理,以破坏酶或酶的氧化系统,减少氧的供给,从而避免或减轻干制品颜色的变化。非酶促褐变一般作用较为缓慢,而且与温度的关系密切,因此可通过降低烘干温度和干制品的储藏温度来减轻颜色的变化。

(3)营养成分及品质的变化 一些生理活性物质、维生素类物质,如维生素 C 往往不耐高温,在烘干过程中易受破坏。菌体中的可溶性糖,如葡萄糖、果糖、蔗糖等在较高的烘干温度下,容易焦化而损失,并且使菌体颜色变黑。对于有些食用菌,如平菇、凤尾菇、草菇、蘑菇等,经干制后,其鲜味明显下降,而且口感也变差。

第二节 食用菌脱水干制的方法

一、鲜品脱水烘干工艺

(1)适宜脱水的品种 有些食用菌品种干制后不影响品质,

而且还能保持风味、提高适口性,如香菇、猴头菇、榛蘑、金福菇、白灵菇、杏鲍菇、毛木耳、黑木耳、姬松茸、鸡腿蘑、银耳、灵芝、竹荪等。有些品种干制后,风味略减,适口性亦稍差,但仍可干制销售,如平菇、凤尾菇、草菇、金针菇、滑菇等。有些品种经干制后,风味大减,适口性差,一般选用脱水储藏方法,如松茸、榆黄蘑等。

(2)脱水前菌体的处理　为了提高成品质量,要适时采收,过早产量低,过迟则质量低、风味差。采摘时方法应得当,使采下来的菌体清洁、完整。采摘前不宜浇水,野外生长或室外栽培的食用菌,应在雨前采摘。烘前要去掉菌柄下部的泥土、培养料等夹杂物,并切根,必要时可用清水洗涤菌体。认真剔除畸形菇、病虫害菇,以及菇形不整、菌盖与菌柄脱离、开伞菇,并进行大小分级,以利干燥均匀。

(3)脱水烘干程序　鲜菇烘干前若采取晾晒数小时,排除菌体表面水分,可节约能源。鲜菇烘烤前,若经过阳光紫外线作用,可以使菌体中的麦角甾醇变为维生素 D,从而提高鲜菇的营养价值。

①鲜菇摆放。在烘烤前切除菌柄,按鲜菇厚薄、大小、干湿进行分类。以菌体的自然生长状态,排放在烘干筛上,一般是菌褶朝下。凡是薄的、小的、较干的应置于热源的远处、高处;凡厚的、大的、较湿的应置于热源的近处、低处。

②烘中调位。在烘烤过程中,应当调换烘干筛的上下层位置,使其均匀受热,加速干燥,从而提高烘烤质量。

③烘房预热。鲜菇进烘房前或投入脱水机之前,烘房预热应为 40℃～45℃;脱水机内的温度也要在 40℃左右,当大量鲜菇进入烤房或脱水机后,烤房或脱水机的温度才不至于下降太多,一般能达到 30℃～35℃。

④技术指标。烘干温度一般从 35℃开始,每小时增高 1℃～

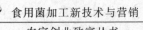
2℃,逐步升温,经 7~8 小时,鲜菇水分散发 30%,12~13 小时后可散发 50%;此后每小时增温 2℃~3℃,当温度升至 60℃~65℃时,水分已散发 70% 以上;再将温度降至 50℃~55℃,继续烘干 2~3 小时。在鲜菇含水量过大的情况下,应将温度递增的速度放慢。全烤房的温度上下不得相差 7℃。要避免由于温度骤然上升而导致菌褶间出水,褶间倒曲,菌体软熟或变焦烂。在整个烘烤过程中,要调整好通风口和排风口的开启程度,保持一定的换气量,以加速鲜菇脱水,同时又要充分利用余热回收,减少能耗。

二、食用菌脱水烘干加工实例

1. 香菇脱水烘干

香菇脱水烘干加工产品,占整个香菇产量的 80%。我国现有加工方法大多采用机械脱水烘干流水线,鲜菇一次进房烘干,使朵形完好,菌褶色为蛋黄色,菌盖皱纹细密,香味浓郁,品质较高。

(1)精选原料 鲜菇要求在八成熟时采收,采收时不可把鲜菇乱放,以免破坏朵形外观。鲜菇不可久置于 24℃ 以上的环境中,以免引起酶促褐变,造成菌褶色由白变浅黄或深灰甚至变黑。禁用泡水的鲜菇,根据市场客户的要求,将鲜菇分为菌柄全剪、菌柄半剪(即菌柄近菌盖半径)、带柄修脚 3 类。

(2)装筛进房 把鲜菇按大小、厚薄分级,摊排于竹制烘筛上,菌褶向上,均匀布排,然后逐筛装进筛架上。装满架后,将筛架通过轨道推进烘干房内,把门紧闭。若是小型的脱水机,则只要把整理好的鲜菇摊排于烘筛上,逐筛装进机内的分层架上,闭门即可。烘筛进房时,应把大的、湿的鲜菇排放于架中层,小菇、薄菇排于上层,质差的或菌柄排于底层,并要摊稀。

(3)掌握温度 香菇起烘的温度以 35℃ 为宜,通常鲜菇进房前,先开动脱水机,将热源输入烘干房内。鲜菇在 35℃ 下,其菌盖卷边自然向内收缩,加大卷边比例,且菌褶色会呈蛋黄色,品质较好。烘干房内从35℃起,逐渐升温到60℃左右结束,最高不超过65℃。升温必须缓慢,如若过快或超过规定的标准,就容易造成菌体表面结壳,反而影响水分蒸发。

(4)排湿通风　香菇脱水时水分大量蒸发,要十分注意通风排湿。当烘干房内相对湿度达70%时,就应开始通风排湿。人进入烘房时如果感到空气闷热潮湿,呼吸窘迫,即表明相对湿度已达70%以上,此时应打开进气窗和排气窗进行通风排湿。干燥天和雨天气候不同,鲜菇进烘房后,要灵活掌握通气和排气口的关闭度,以使排湿通风合理,烘干的产品色泽正常。

(5)全程控制条件　香菇脱水烘干全程控制条件见表3-1。

表3-1　香菇脱水烘干全程控制条件

烘干期	烘干时间/小时	热风温度/℃	进排风控制	要　求
初期	0～3	30～35	全开	对含水量高的鲜菇初期温度要低,升温要慢
中期	4～8	45	关闭1/3	每小时升温不超过5℃,6～8小时移动筛位
后期	8小时后	50～55	关闭1/2	10小时后合并烘筛,并移至上部
稳定期	最后1小时	58～60	关闭	全部干燥时间8～13小时

(6)干品水分测定　经过脱水后的成品,要求含水率不超过13%。感观测定含水量时,可用指甲顶压菌盖部位,若稍留指甲痕,说明干度已够。电热测定含水量时,可称取菌样10克,置于105℃电烘箱内,烘干1.5小时后,再移入干燥器内冷却20分钟后称重,样品减轻的重量即为香菇含水分的重量。鲜菇脱水烘干

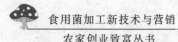

后的实得率为 10：1，即 10 千克鲜菇得干品 1 千克。不宜烘干过度，否则易烤焦或破碎，影响质量。如果是剪柄的鲜菇，其实得率与冬季比为 14：1、春季比为 15：1。

（7）产品标准　香菇干品要按照现有国内外市场要求的质量规格进行分级。加工企业应设置现代化机械分级生产线，并进行手工分拣，剔除粘泥菇、烤焦菇、残缺菇，以及修剪菇蒂。香菇品种分为花菇、厚菇、薄菇，其标准可参照国家质量监督检验检疫总局的 GB 19087—2003《原产地域产品　庆元香菇》标准，此标准适于我国南北方袋料栽培的香菇产品。

①分级标准。香菇干品分为花菇、厚菇、薄菇 3 个品种。花菇干品感观指标见表 3-2，厚菇干品感观指标见表 3-3，薄菇干品感观指标见表 3-4。

表 3-2　花菇干品感观指标

项　目	指　标		
	一级	二级	三级
颜色	白色花纹明显，菌褶淡黄色	白色花纹明显，菌褶黄色	花纹茶色或棕褐色，菌褶深黄色
菌盖厚度/厘米　≥	0.5		0.3
形态	扁半球形稍开展或伞形规整		扁半球形稍平展或伞形
开伞度/分　≤	6	7	8
菌盖直径/厘米　≥	4.0 均匀	2.5	2.0
残缺菌率（%）　≤	1.0		3.0
碎菌体率（%）　≤	0.5		1.0
褐色菌褶、虫孔菇、霉斑菇总量占有率（%）　≤	1.0		3.0
杂质率（%）　≤	0.2		0.5

表3-3 厚菇干品感观指标

项 目		指 标		
		一级	二级	三级
颜色		菌盖淡褐色或褐色		
		菌褶淡黄色	菌褶黄色	菌褶黄色
菌盖厚度/厘米 ≥		0.5		0.4
形态		扁半球形稍开展或伞形规整		扁半球形稍平展或伞形
开伞度/分 ≤		6	7	8
菌盖直径/厘米 ≥		4.0	3.0	3.0
残缺菌率(%) ≤		1.0	2.0	3.0
碎菌体率(%) ≤		0.5	1.0	2.0
褐色菌褶、虫孔菇、霉斑菇总量占有率(%) ≤		1.0	3.0	5.0
杂质率(%) ≤		0.2	1.0	2.0

表3-4 薄菇干品感观指标

项 目		指 标		
		一级	二级	三级
颜色		菌盖淡褐色或褐色		
		菌褶淡黄色	菌褶黄色	菌褶黄色
菌盖厚度/厘米 ≥		0.3		0.2
形态		近扁半球平展规整		近扁半球形平展
开伞度/分 ≤		7	8	9
菌盖直径/厘米 ≥		5.0	4.0	3.0
残缺菌率(%) ≤		1.0	2.0	3.0
碎菌体率(%) ≤		0.5	1.0	2.0
褐色菌褶、虫孔菇、霉斑菇总量占有率(%) ≤		1.0	1.0	2.0
杂质率(%) ≤		1.0	1.0	2.0

②理化指标。香菇干品理化指标见表3-5。

表3-5　香菇干品理化指标

项　目	指　标
水分(%)	≤13
粗蛋白(以干重计)(%)	≥20
粗纤维(以干重计)(%)	≤8
灰分(以干重计)(%)	≤8

③卫生指标。执行国家农业部 NY 5095—2002《无公害食品 香菇》标准。

2.银耳脱水烘干

(1)原料要求　成熟银耳的标准是耳片全部伸展,表现为疏松状,生长停止,没有小耳蕊,形似牡丹花或菊花,颜色鲜白或米黄,稍有弹性。子实体直径可达10～15厘米,鲜重150～250克,子实体成熟后,会散发出大量白色担孢子。银耳采收强调"五必须":必须选择晴天上午采收,必须整朵割下,必须挖去蒂头杂质,必须防止基内菌渣粘附在耳片上,必须轻采轻放。

(2)区分类别　市场货架上的银耳干品,按其形态分为整朵银耳和小朵形或片状剪花银耳两类。整朵银耳中,其商品名称分为冰花银耳和干整银耳两种。冰花银耳是鲜耳削除耳基,经浸泡漂洗、物理增白、脱水干燥工艺后,保留自然色泽,朵形疏松的商品。而干整银耳,又称为普通银耳,是鲜耳去掉耳基杂物,浸洗脱水烘干而成的商品。小朵形或片状银耳,其商品名称为雪花银耳,是将鲜耳削除耳基,剪切成小朵形或连片状,经过清洗晾晒,脱水干燥后,保持自然色泽,耳片疏松的商品。

(3)整朵银耳干燥技术　整朵银耳采用脱水烘干机进行加工。

①削基浸洗。将采收后的银耳,用利刃削去耳基,挖净残物,然后放入清水池浸泡40～60分钟,让耳片吸饱水分,并进行清

洗。泡洗的目的是清除粘附在耳片上的杂物,使耳片晶莹、透亮,同时让子实体膨松、耳花舒展,加工后外观美,商品性状好。

②摊排上筛。将泡松洗净的银耳,耳花朝天,一朵一朵地排放于烘干筛上。现有脱水机的烘干筛,多用竹篾编织而成,筛长×宽为 100 厘米×80 厘米,筛孔为 1 厘米×1 厘米。一般小型脱水机两旁的干燥箱内各 12～15 层,可排烘干筛 24～30 个。排放鲜耳量一次 200～300 千克,朵与朵之间不宜紧靠,以免烘干后互相粘连,影响朵形美观。

③入机干燥。机械脱水烘干的原理是利用循环热风,使放置在机内烘干筛上的新鲜银耳,被热空气所包围,最大限度地使银耳与热气流接触,促使水分集散蒸发,通过风速及时把水分带出烘房外,使银耳快速脱水干燥。具体操作如下:

首先打开脱水机上 2 个排气窗。银耳入机后立即燃烧旺火,加大火力,使机内尽快升温,同时开动排风扇,加速气流循环,使水蒸气随风速从排气窗向外排出。由于浸泡后的银耳水分饱满,入机后湿度较大,通常需要 4 小时以上机内温度才达到 50℃～60℃。银耳烘干的温度是恒定的,即由起烘温度开始,逐步上升至 50℃～60℃,使产品干燥。而香菇烘干是有梯度的,即预热起烘、脱水、定色干燥 3 个不同阶段,要求不同的温度。两者的烘干有区别,应注意区别掌握。

银耳烘干是采取轮换更替进出方式,由于机内受热程度不同,烘干筛上、中、下层的银耳干燥程度也不一样。因此,当第一炉经过 5～6 小时脱水烘干后,在下层约占整个烘干筛容量三分之一已烘干。此时应开门把下层部分烘干筛取出,把中、上层烘干筛逐层顺序向下调整,随手把筛上银耳翻一面,让基部向上,加快整朵干燥。同时把排好待烘的银耳,逐筛装入上层架内,关门继续以 50℃～60℃的恒温再烘干 2 小时后,其底层部分银耳又已干燥,即可出机。依此每 2 小时烘干一批,逐层干耳退、鲜耳进,

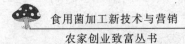
轮换更替,直到把整批鲜耳烘干为止。

银耳浸泡后的含水量超过 100%,烘干后其湿干比率为 10:1,即 10 千克湿耳,可烘成干品 1 千克。

(4)雪花银耳干燥技术 把整朵鲜银耳加工成小朵形或片状散花,脱水烘干成品,俗称为剪花雪耳,又称为小花,其原料应选择 9901 自然白菌株栽培的银耳。该品种加工后的成品色泽白中微黄、透明、商品性状美观。由于食用部分多、外观诱人,所以在市场上很受欢迎。

①选耳修剪。加工小花银耳,选择耳花疏松、片粗的为好。将选好的鲜耳挖去黄色硬质的耳基,用铁丝扎成一束工具,在耳基处稍插一下,整朵银耳就裂开成 5~6 小朵。若是加工片状散花,则需剪片。

②清水洗净。将小朵银耳或片状散花,置于清洗池内用流动水浸泡洗净,除去粘附在耳片上的杂质。

③排筛上机。小朵形的银耳摊排于烘干筛上,厚薄均匀;片状散花用白蚊帐布制成、与烘干筛同规格的装耳袋装好,铺平筛面,袋口拉练封紧。

④脱水烘干。小花或散花由于朵小,摊铺稀薄,因此脱水烘干温度为 50℃~60℃,夏季 1 小时,冬季 1.5~2 小时即可干燥。干品出机方法同整朵银耳烘干一样,采取轮换更替的方法。小花的湿干比为 13:1。

(5)产品标准 随着技术的不断进步,产品也发生了较大变化,原有的银耳标准已不适应新要求。因此,国家农业部发布了 NY/834—2004《中华人民共和国农业行业银耳标准》,该标准于 2004 年 9 月 1 日起实施。

①感观指标。片状银耳和朵形银耳的感观指标见表 3-6,干整银耳的感观指标见表 3-7。

表 3-6 片状银耳和朵形银耳的感观指标

项 目	指 标					
	片状银耳			朵形银耳		
	特级	一级	二级	特级	一级	二级
形 状	单片或连片疏松状,带少许耳基			呈自然近圆朵形,耳片疏松,带有少许耳基		
色泽	耳片半透明有光泽			耳片半透明有光泽		
	白	较白	黄	白	较白	黄
气 味	无异味或有微酸味			无异味或有微酸味		
碎耳片率(%)	≤0.5	≤1.0	≤2.0	≤0.5	≤1.0	≤2.0
拳耳率(%)	0		≤0.5	0		≤0.5
一般杂质率(%)	0		≤0.5	0		≤0.5
虫蛀耳率(%)	0		≤0.5	0		≤0.5
霉变耳	0			0		
有害杂质	0			0		

注:碎耳片指直径≤0.5毫米的银耳碎片(下同)。

表 3-7 干整银耳的感观指标

项 目	指 标		
	特级	一级	二级
形 状	呈自然近圆朵形,耳片较密实,带有耳基		
色 泽	耳片半透明,耳基呈橙黄色、橙色或呈白色		
	乳白色	淡黄色	黄色
气 味	无异味或微酸味		
碎耳片率(%)	≤1.0	≤2.0	≤4.0
一般杂质率(%)	0	≤0.5	≤1.0
虫蛀耳率(%)	0		≤0.5
霉变耳	无		
有害杂质	无		

②理化指标。银耳干品理化指标见表3-8。

表3-8　银耳干品理化指标

项　目		指标		
		特级	一级	二级
片状银耳	干湿比　　　　　　≥	1：8.5	1：8.0	1：7.0
	朵片大小(L×W) ≥(厘米)	L3.5·w1.5	L3.0·w1.2	L2.0·w1.0
朵形银耳	干湿比　　　　　　≥	1：8.0	1：7.5	1：1.65
	直径　　　φ≥(厘米)	6.0	4.5	3.0
干整银耳	干湿比	≥1：7.5	≥1：7.0	≥1：6.5
	直径 φ/厘米	≥5.0	≥4.0	≥2.5
水　分(%)		≤15.0		
粗蛋白(%)		≥6.0		
粗纤维(%)		≤5.0		
灰　分(%)		≤8.0		

注：①L×W指朵片长×宽。
　　②干湿比指干品泡发率。

③卫生指标。银耳的卫生指标应符合表3-9的规定。

表3-9　银耳的卫生指标

（毫克/千克）

项　目	指　标
砷(以 As 计)	≤1.0
汞(以 Hg 计)	≤0.2
铅(以 Pb 计)	≤2.0
镉(以 Cd 计)	≤1.0
氯氰菊酯	≤0.05
溴氰菊酯	≤0.01
亚硫酸盐(以 SO_2 计)	≤400

3.姬松茸脱水烘干

姬松茸干品主要能出口,脱水烘干要求严格,具体操作方法如下:

(1)排湿进房 将采收清洗的鲜品放在通风处沥干水,或在太阳下晾晒 2 小时。先将烘干机(房)顶热至 50℃后,让浊度稍降低,然后按菌体大小、干湿分级,均匀地排放于烘干筛上,菌褶朝下。大菇、湿菇排放于筛架中层,小菇、干菇排放于顶层,质差或畸形菇排放于底层。

(2)调温定形 晴天采收的鲜菇,烘制起始温度调控为 37℃~40℃,雨天则为 33℃~35℃。菌体受热后,表面水分大量蒸发,此时应打开全部进风口和排气窗排除蒸气以保褶片固定,直立定形。随着温度自然下降至 26℃时,保持 4 小时。若此时超温,将出现褶片倒伏损坏菇形,色泽变黑,降低商品价值。

(3)菌体脱水 从 26℃开始,每 1 小时升高 2℃~3℃,用开、闭气窗的方法,及时调节相对湿度,维持 6~8 小时,温度均匀上升至 51℃保持恒温,以确保褶片直立和色泽稳定。在此期间需调整上、下层烘干筛的位置,使干燥度一致。

(4)整体干燥 由恒温升至 60℃需经 6~8 小时,当烘至八成干时,应取出烘筛,晾晒 2 小时后,再上机烘烤,双气窗全闭烘制 2 小时左右。当菌体用手轻折菌柄易断,并发出清脆响声即结束烘烤。一般 8~9 千克鲜菇,可加工成 1 千克干品,然后及时装入内衬塑料膜的编织袋,再用纸箱封装。

(5)产品标准 干品气味芳香,菌褶直立白色,整朵完整,无碎片,菌盖淡黄色无龟裂、无脱皮、干燥均匀、无开伞、变黑、霉变、畸形等劣质现象,符合国内外客商要求。

4.茶薪菇脱水烘干

茶薪菇鲜品脱水烘干,每 11 千克烘成干品 1 千克,烘干时间晴天为 16 小时,雨天或菌体含水量高时需 18~20 小时。

(1)精选原料 鲜菇要求在八成熟时采收,采收时不可把鲜菇乱放,以免破坏朵形外观;鲜菇不可久置于24℃以上的环境中,以免引起酶促褐变,造成菌褶色泽由白变浅黄或深灰,甚至变黑;禁用泡水的鲜菇。根据市场客户的要求分类整理,在烘干前,为了降低鲜菇含水量,可把鲜菇排于烘干筛上晾晒4~5小时,以手摸菌柄无湿感为宜。

(2)装筛进房 按鲜菇柄大小、长短分级,重叠于烘筛上。其叠菇的厚度以不超16厘米为宜,若叠菇量太薄,整机烘干量少;太厚则烘干度差。一般每筛排放鲜菇2~2.5千克,将鲜菇摊排于竹制烘筛上,然后逐筛装进筛架上,装满架后,筛架通过轨道推进烘干房内,把门紧闭。若是小型的脱水机,则只要把整理好的鲜菇摊排于烘筛上,逐筛装进机内的分层架上,闭门即可。烘筛进房时,应把菌柄长、大、湿的鲜菇,排放于中层;菌柄短小的、薄的排于上层;质差的排于底层。

(3)掌握温度 鲜菇装入烘干房后,要掌握好始温、升温和终温3个阶段。

①始温。鲜菇含水量高,突然与高热空气相遇,组织汁液骤然膨胀,易使细胞破裂,内容物流失。同时菌体中的水分和其他有机物常因高温而分解或焦化,发生菌褶变黑,有损成品外观与风味。干燥初期的温度也不能低于30℃,因为起温过低,菌体内细胞继续活动,也会降低产品的等级。各地实践证明茶薪菇起烘的温度以40℃为宜。通常鲜菇进房前,先开动脱水机,让热源输入烘干房内,使鲜菇一进房,就处在40℃的温度条件下,有利于钝化过氧化物酶的活性,持续1小时以上,这样的起始温度,能较好地保持鲜菇原有的形态。

②升温。持续1小时以上之后,介质温度不能升得过高和过快。温度过高,菌体中酶的活性迅速被破坏,影响香味物质的形成;温度上升过快,会影响干品质量。因此,应采用较低温度和慢

速升温的烘干工艺,一般使用强制通风式的烘干机,干制温度可从40℃开始,逐渐上升到60℃;使用自然通风式烘干机的,可从35℃开始,逐渐上升至60℃,升温速度要缓慢,一般以每小时升温1℃～3℃为宜。

③终温。干制的最终温度也不能过高,如高于73℃,菌体的主要成分蛋白质将遭到破坏。在过高的温度下,菌体内的氨基酸与糖互相作用,会使菌褶呈焦褐色;但温度也不能过低,如低于60℃,则干品在储藏期间容易受到谷蛾、蕈蚊等害虫的危害。因原潜存在菌体上的虫卵,其致死温度为60℃,且需持续2小时,所以干制的最终温度,一般以不低于60℃为原则,烘干时间为1～2小时。

(4)排湿通风 鲜菇脱水时水分大量蒸发,因此要特别注意通风排湿。当烘干房内相对湿度达70%时,就应开始通风排湿。人进入烘房如果感到空气闷热潮湿,呼吸窘迫,即表明相对湿度已达70%以上,此时应打开进气窗和排气窗进行通风排湿。干燥天和雨天气候不同,鲜菇进烘房后,要灵活掌握通气和排气口的关闭度,使排湿、通风合理,烘干的产品色泽正常。

(5)干度测定 经过脱水后的干品,要求含水率不超过13%。用感观测定法测定含水量时,可用指甲顶压菌柄,若稍留指甲痕,说明干度已够,若一压即断说明太干。电热测定法测定含水量时,可参照香菇测定含水量的方法。鲜菇脱水烘干后的实得率为11：1,若加工前菌体经晾晒排湿4～5小时,其干品实得率为7：1。鲜菇脱水烘干时,也不宜烘干过度,否则易烤焦或破碎,影响质量。

(6)产品标准 茶薪菇产品标准,可参照福建省质量技术监督局发布,并于2003年12月1日实施的DB35/T522.5—2003《茶薪菇福建地方标准》执行。

①分级标准。茶薪菇干品分级感观指标见表3-10。

表 3-10 茶薪菇干品分级感观指标

项 目		指 标		
		特级	一级	二级
色泽	茶薪菇	菌盖浅土黄色至暗红褐色，菌柄灰白至浅棕色，色泽一致	菌盖浅土黄色至暗红褐色，菌柄灰白至浅棕色，色泽基本一致	菌盖浅土黄色至暗红褐色，菌柄灰白至浅棕色，色泽较一致
	白茶薪菇	菌盖近白色，菌柄近白色，色泽一致	菌盖黄白色，菌柄黄白色，色泽基本一致	菌盖淡黄色，菌柄淡黄色，色泽较一致
气 味		具有茶薪菇特有的香味，无异味		
菌盖直径/毫米		≤35	≤45	≤55
长度/毫米		≤110	≤140	≤170
形 状		菌盖平滑齐整呈柳钉状，菌膜完好，菌柄直，整丛菌体长度体形较一致	菌盖平滑齐整呈柳钉状，菌膜稍有破裂，菌柄稍弯曲，长度体形不要求一致	菌盖圆整，菌膜有破裂，菌柄较多弯曲，整个菌体长度体形不太一致
碎菇率(%)		≤5.0	≤8.0	≤10
附着物率(%)		≤0.5	≤1.0	≤1.5
虫孔菇率(%)		≤1.0	≤1.5	≤2.0
霉变菇		不允许		
异 物		不允许有金属、玻璃、毛发、塑料等异物		

②理化指标。茶薪菇干品理化指标见表 3-11。

表 3-11 茶薪菇干品理化指标

项 目	指 标
水分(%)	≤14
粗蛋白(%)	≥12
粗纤维(%)	≤15
灰分(%)	≤7.5

③卫生指标。执行 NY/T 5247—2004《无公害食品　茶薪菇》标准。

5. 杏鲍菇切片干制

杏鲍菇除适于鲜菇和加工罐头制品外,对朵形稍差、肉质偏薄、质量次之或等外品,可采取切片晒干或机械脱水干燥。

(1)选料切片　作为切片菇,要求菌体清洁卫生,不夹杂质、色白、无斑、无霉烂、无变质。虽对朵形无要求,但一定要新鲜,然后用切片机或手工切成厚度 0.4～0.45 厘米的片状。

(2)脱水干燥

①分别排筛。按照切后的菇片,长短宽窄分开排于烘筛上,并要求排布均匀。

②控制温度。鲜品含水量一般在 85% 左右,烘干时起烘温度不低 40℃,2 小时后升温至 50℃～60℃时,打开机内通风窗,将菌体水分通过热气流排出窗外,烘干时间一般为 6～8 小时。

③干燥检测。烘干后的菇片含水量控制在 13% 以内,即达到干品标准。鲜品的烘干率为 7∶1,即 7 千克鲜菇经切片,烘成干品为 1 千克。

(3)筛选分拣　菇片采用物理筛选,即将干菇片置于不同规格分级圈的振动筛上,筛出大小不同级别,去掉碎片和粉屑,手工捡出烧焦片或黏杂片,然后按菇片长短宽窄分开,放入清洁干燥双层塑料袋后,扎好袋口以防回潮。

(4)产品标准

①分级标准。杏鲍菇干品感观指标见表 3-12。

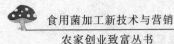
表 3-12　杏鲍菇干品感观指标

项　目	指　标		
	特级	一级	二级
色泽	菌柄白色至近白色、菌盖淡黄色至灰褐色		
气味	具有杏鲍菇特有的香味，无异味		
形状	薄片状，菇片边沿厚、中间薄		
菇片直径/厘米	≤0.3	≤0.3	<0.3
菇片宽/厘米	4×12	3×10	2×6
碎菇率(%)	无	无	无
附着物率(%)	≤0.3	≤0.3	≤0.3
虫孔菇率(%)	无	≤1.5	≤2.0
有害杂质	无		
异物	不允许混入虫菇、异种菇、活虫体、毛发及塑料、金属等异物		

②理化指标。含水量≤13%，粗蛋白≥30%，粗纤维≤13%，灰分≤9%。

6. 黑木耳自然干制与压缩干制

(1)黑木耳自然干制方法　黑木耳子实体较其他菌类容易干晒，胶质状子实体容易吸水也容易失水，晴朗的天一天就晾干。所以目前对黑木耳主要采用自然干制方法。自然干制是利用太阳的热能和风力，使新黑木耳脱水干燥的方法。该方法简单易行、节约能源、降低生产成本，但脱水时受天气影响较大。

①晒场条件。黑木耳晒场四周要求无风沙、垃圾、厕所、扬尘，远离沙土质公路。鲜耳不应随便晒在泥地上，以免耳片吸附地面沙尘，影响质量。

②排耳晾晒。晒耳用竹帘或纱网搭架子，架子上用竹、木条做拱架，下雨天可以将塑料布罩上防雨。把采收下来的黑木耳清除杂质和泥沙后，逐朵均匀地摊排在晒帘或纱网上，对朵形较大的子实

体要撕开,晾至大半干时再慢慢翻动,直到全干。但要注意晾晒时不宜翻动过早、过勤,以免造成耳片卷缩,不舒展,影响质量。

③雨季处理。梅雨时节天不晴,木耳晾不干会腐烂。可将干黑木耳混入湿耳中,使湿耳内水分尽快降低,置于阴凉通风处防止霉变。可采用烘干机烘干,如果没有烘干机,可在加温到 34℃～36℃的室内,用风扇吹风晾干,但室内温度不宜超过 40℃。有冷库的可放入冷库,将草木灰撒在刚收的木耳上,可防止木耳腐烂,晴天时将木耳洗净晾晒。也可以把鲜耳放在竹筐内,置于流水中浸泡,可以保存 7～8 天,待天晴再拿到阳光下暴晒干燥。

④检测分级。含水量降至 13％以下为足干,可用手轻轻握耳片,当感到一握耳片就碎裂,说明已晾晒好。制干的黑木耳,应剔除碎片、杂物等,可以按大、中、小和好、中、差分装,采用无毒塑料袋装好,扎紧袋口,密封放置,储藏在干燥通风的室内。不要用麻袋,因麻袋毛混进木耳中会影响质量。不要与农药化肥混放在一起,以防止产品污染。

(2)黑木耳压缩干制方法 将黑木耳压缩成块,也称为耳砖。黑木耳砖具有质量有保证、方便用户消费,储运方便,减少因破碎而造成的等级下降,运费减少、储量增加,并可压缩为原体积的 1/10,携带方便。

压缩干制的工艺流程为干木耳→除杂→喷水打潮→计量称重→加压成形→保压→烘干→包装→出厂。

①挑选洗净。选料要求干净,无霉变、虫蛀及烂耳现象,以春耳和秋耳为好,剔除草叶、树皮、木盖等杂质,对于有泥沙的原料,必要时洗净后重新晾晒方可投入加工。

②温水回潮。最好用 50℃～60℃的温水,并用喷雾器打水,打水时均匀翻动木耳,使受潮一致,通常含水量 13％以下的干黑木耳,加水量以 10％～15％为宜,然后用塑料布闷好盖严,12 小时后使用,这时的原料,易于压缩成形,又不造成碎片,称重后放

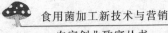
入压缩机压缩即可。

③加压成形。设备采用 PYOZ 型黑木耳压缩机,其特点是称量进料后,下面推出一块,进料口再补充一块量的连续压缩方式。一般干块重 25 克,称料重 27.5 克或 28.75 克,这要根据加水量来确定进料量,然后推出压成小方块。这种保压工序基本可以解决减压后黑木耳砖弹性变形问题,既达到保压要求,又提高了生产效率。采用半自动化工艺方式生产黑木耳压块时,需 4 个人相互配合,一人称料,一人负责续料,将称完的物料投入压块漏斗中,第 3 个人负责压块操作,这类小型设备,每次只能压出两块木耳砖,减压后由第 4 个人负责固定保形,防止压好的砖块反弹变形。

④烘干定形。对初步压好的黑木耳砖,放在烘干室中进行烘干定形。烘干室的温度由 35℃ 逐渐升至 55℃～60℃,注意对外形不好的黑木耳砖重新定形后,再烘干。通常烘干 12～14 小时即可。烘干室采用电加热或蒸气加热均可,同时还要设置一个自动控温器,严格按工艺要求操作。

⑤包装成品。当烘干的黑木耳块含水量达到 13% 以下时,就可以进行包装。包装时,首先用玻璃纸包好,起防潮、防蛀的作用;然后按不同规格放入纸盒中,打上生产日期即可出厂。

(3)产品标准 黑木耳产品标准应执行农业部 NY 5098—2002《无公害食品　黑木耳》规定指标。无公害食品黑木耳感观指标见表 3-13。

表 3-13　无公害食品黑木耳感观指标

项　　目	指　　标
外观	浅棕色至黑褐色,背面浅灰色,有光亮感,自然卷曲状,大小基本均匀一致
气味	具有本品特有清香味,无异味
霉烂耳	无
流失耳	无

续表 3-13

项 目	指 标
虫蛀耳	无
干湿比	1:12
水分(%)	≤13
杂质(%)	≤1

注:本品不得着色,不得添加任何化学物质。

7.金针菇脱水烘干

(1)原料分级 金针菇在脱水烘干前,要根据菌柄长短、粗细及菌盖大小进行分级,便于干燥程度均匀一致和包装。

(2)装筛烘烤 装筛厚度以不影响热风流通为原则,烘烤过程随着金针菇体积的变化,可适当加厚,升温速度与时间控制是干制成败的关键。先将烘房温度控制在 35℃,烘 2 小时左右,然后以每小时 2℃左右的速度递增,直到 60℃,再恒温 2 小时左右即可结束烘烤。

在操作上必须注意不可冷房进菇,因为冷房进菇升温慢、时间长,易使鲜菇在升温过程中开伞,且色、香、味变差。温度不可升得太快,因为温度骤然升高,易使菌盖表层细胞破裂,内物外溢而引起焦化和结壳,造成菌体发黄变黑,导致外观和风味下降,商品价值下降。

(3)排湿调筛 金针菇鲜品含水量一般在 90% 以上,在烘干过程中会有大量水分排出,致使烘房内湿度急剧升高,如不及时排出,将严重影响烘干效果。为此当烘房内相对湿度达 70% 以上时,就应进行通风排湿。通风排湿时间,应根据不同阶段、设施灵活调节,初期湿度大,通风排湿量也要大,随着菌体渐干,通风量也要相应地减小。

(4)干品包装 金针菇干品标准含水量为 12%,达标后将干品集中堆放于塑料薄膜上,再用另一块薄膜盖严,使其回软 1~3

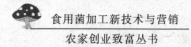
天,让所有干菇含水量趋于一致。然后根据客户或市场要求进行包装。

产品标准可参照农业行业标准 NY 5187—2002《无公害食品　罐装金针菇》执行。

8. 灰树花干制

(1)自然干制法　自然干制是将采收的鲜灰树花用手撕成 0.5～1 厘米宽或每个菌盖为一片,然后摆放在筛片上,菌孔朝上,放在太阳下晾晒,筛片要架起离地 1 米左右。晾晒时要经常翻动,需 2～3 个晴天就能晒干。它的优点是节省费用,晒制的干品菌肉雪白,香味自然纯正;缺点是干制时间长,遇阴雨天无法干制,时间长菌体发黄甚至腐烂。

(2)烘房干制法　常用热风式烘房。热风式烘房可分为干燥室、散热管、送风设备等 3 个部分,全长 8～10 米,宽 2 米。干燥室分为两层,下面是烘房高 2 米,上面是排气层高 1 米。干燥室长 5～7 米,可放 5～7 架烘筛。墙上开有 4 个 20 厘米见方的玻璃窗,间距 100～150 厘米。窗内各挂一支温度计,定时进行观察。散热管由两排竖立钢管组成,每排 6 根,每根粗 16 厘米,上端焊接在两根粗 20 厘米的横向钢管上。下端焊在 10 毫米厚、40 厘米见方的钢板上,钢板下面是火炕,深 60 厘米,宽 40 厘米。火炕距干燥室 1 米,炕墙外是烧火口,对面砌一个 80 厘米见方,高 4 米的烟囱与火炕相连。

生火时,热气通过钢管以辐射的方式进入干燥室内,烟则从烟囱排出。送风设备是一台 4～6 千瓦电动机带动的大型电风扇。电风扇安装在距离散热管 80 厘米处,在电风扇后墙上,开一个 50 厘米见方鱼鳞片式的吸气孔,以增加通风量。电动机安装在灶外的墙边。为了排除灶内水分,干燥室上部设 1 米高排气层,在干燥室的另一端与下相通,并在上部开 80 厘米见方的通风天窗,排出水蒸气。干燥室内设筛架,角钢制或木制,宽 90 厘米长 160 厘米,放 8 层烤筛,层距 20 厘米。烤筛以竹制为佳,长 90 厘米,宽 50 厘米,筛眼 1 厘米。

①切块摆筛。用小刀将根部切开,把整菇掰成 100～150 克重的块形,然后单层摆放不重叠。菌孔朝上摆放在筛片上,在阳光下排湿一天。

②烘房预热。初次使用的烘房,在进料前必须预热到 40℃。

③加温烘烤。前期烘烤时间控制在 1～4 小时,起烤温度为 30℃～35℃,将游离水慢慢排尽。烘烤开始要强制鼓风进风口及排风口全部开启,以加速水分散发。1 小时后,排风口关闭 15%～25%,使烘房温度维持在 35℃～40℃,再经 2～8 小时水分散发,进入中期温度逐渐上升,应将温度控制在 40℃～50℃,时间为 4～9 小时,每小时温度上升 1℃～2℃,要防止升温过快而使菌盖边缘内卷。为了使烘房温度能上升,要逐渐关小进风口和排风口,此时菌体约有 50% 的干燥程度。后期温度从 50℃升至 55℃,时间大致为 4 小时,由于此时温度较高,可将进风口和排风口逐渐全部关闭。当菌体干至八九成时,就可进入干燥结束期,结束期温度应从 55℃上升到 60℃,保持 1 小时。全部烘烤时间因菌体含水分多少和空气湿度大小而有差异,一般为 8～12 小时,雨天采收的大致需要 18～20 小时。

(3)干品分级包装 灰树花干品含水量为 13%～15%,干品分级可参照农业行业标准 NY/T 446—2001《灰树花》,市场上通常分 3 级。

①一级品:菌盖灰白色至灰黑色,菌内雪白,菌孔深度小于 1 毫米,有丝状、瓣状或块状。

②二级品:菌盖色浅。菌孔深度小于 1.5 毫米,菌肉稍黄部分不超过 10%。

③三级品:菌盖色白,菌孔深度小于 2 毫米。

灰树花干品极易吸湿,干燥后应立即分装于双层塑料袋内并

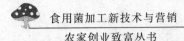

密封,再把外层塑料袋封好,置于衬有防潮纸的木箱或纸箱内。如果储藏不好、保管不善,则易吸潮变黄,进而发霉、虫蛀,影响品质。

9. 竹荪干制

竹荪与其他菌类性质不同,加工方法也有别,采收加工应掌握如下要点:

(1)成熟时限短 竹荪子实体的形成,大部分都在每天上午10~12时,少量在下午2~3时。当菌裙撒至离菌柄1/3时,就要采收。菌裙全撒后1~2小时内,子实体就整朵顷倒在地上自溶,从而失去商品价值。

(2)含苞撒裙 产菇高峰期,采收人手跟不上,可采取提前在菌球破口露白,含苞待放时摘下,放在箩筐内也照常撒裙。也可将菌球采回,排放于室内铺有湿纱布的桌面上,1~2小时就会自然抽柄撒裙。此种含苞采摘方法,室内控湿长菇,菌体更洁白干净。

(3)间歇式烘干 竹荪当天采收,当天烘干,隔夜变质。鲜品机械脱水烘干,采取"间歇式捆把"烘干法。即鲜菇排筛重叠3~4层,烘房控温50℃~60℃,烘至八成干时,出房间歇10~15分钟,然后将半干品卷捆成小把,再进房烘至足干,这一点与其他菇品完全不同,鲜干品比为8:1。

(4)干品包装密封 竹荪干品反潮极快,离开烘房2小时就会回潮至含水量25%。为此,烘干后应及时用双层塑料袋包装,并扎牢袋口,以防止受潮变质而降低商品价值。

(5)产品标准 介绍福建省竹荪产区行业标准。

①竹荪干品感观指标见表3-14。

表 3-14　竹荪干品感观指标

级　别	干竹荪一级（甲级）	干竹荪统竹荪
颜　色	鲜白	白·浅黄色
长度/厘米	≥15	≥10
大小/厘米	≥2	≥1.0
残缺率（%）	≤5	≤1.0
撒裙率（%）	≤10	≤12
粉状竹荪（%）	≤0.5	≤1.5
气味	竹荪特有的芳香味、无异味	
杂质	无	
不许混入	虫蛀、霉变、动物毛发、活虫体及其排泄物、金属物、矿石、泥沙	

②竹荪干品理化指标见表 3-15。

表 3-15　竹荪干品理化指标

项　目	指标（一级、统级）
水分（%）	≤17
粗蛋白（%）	≥16
总糖（以转化糖计 %）	≥18.3
粗纤维（%）	≤5.0
灰分（%）	≤4.6
砷（以 AS 计 毫克/千克）	≤0.5

卫生指标应符合 GB 7096—2003《食用菌卫生标准》各项指标要求。

10. 野生牛肝菌干制

牛肝菌是一种人工难以栽培成功的名贵珍稀菇菌，目前为止，主要靠野生采集应市，本来已供不应求，产季一过市场上更是"奇货可居"。在产季采收后通过加工成干品，可常年应市。现在

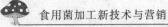
我们给广大读者介绍刘玉芳研究的脱水加工技术。

(1)采后处理 野生牛肝菌有时会混有杂菌、杂物,在雨天或阴天菌体含水量高,采收后要放在通风干燥处摊晾3～5小时,以降低菌体水分。采后不能及时加工的牛肝菌,也应摊晾于通风处以排除菌体水分。

(2)去杂分类 用不锈钢刀片削去菌柄基部的泥土、杂质,去除树枝、落叶、茅草等杂物,提高产品的净度。按牛肝菌的种类、菌体大小、菌伞开放程度,分为幼菇、半开伞菇、开伞菇等类别。

(3)切片排筛 用不锈钢刀片沿菌柄方向纵切成片,要求厚薄均匀,片厚1厘米左右,尽量使菌盖和菌柄连在一起,切下的角碎料也可一同干制。切片后按菌片大小、厚薄、干湿程度分别摆放。晾晒时将菌片放在竹席、窗纱上,烘干时将菌片排放在烘筛上,摆片时切忌堆积。

(4)脱水干制 用烘干机或烘房烘烤,如果量少也可用红外线灯或无烟木炭进行烘烤。烘烤起始温度为35℃,以后每小时升高1℃,加到60℃并持续1小时后,又逐渐将温度降至50℃。烘烤前期应开启风窗,中间通风窗逐渐缩小直至关闭。一般需烘烤10小时左右,采取一次性烘干至含水量为12%。鲜片含水量大时,温度递增的速度应放慢些,骤然升温或温度过高,会造成菌片软熟或焦脆。烘烤期间应根据菌片的干燥程度,适当调换筛位,使菌片均匀脱水。

自然干制时,应选晴天上午摆片干晒。干晒时注意翻动菌片,使之均匀接受阳光照射,并在太阳落山前收回摊放在室内。菌片不能在室外过夜,否则会粘附露水而导致菌片变黑,也要避免晒至中途遭受雨淋。

(5)产品标准 烘干或晒干的牛肝菌片出口外销分为4个等级,牛肝菌干片分级标准见表3-16。

表 3-16　牛肝菌干片分级标准

等　级	质量要求
一级	菌片白色,菌盖与菌柄相连,无碎片、无霉变和虫蛀
二级	菌片浅黄色,菌盖与菌柄相连,无破碎、无霉变和虫蛀
三级	菌片黄色至褐色,菌柄与菌盖相连,无破碎、无霉变和虫蛀
四级	菌片色泽深黄至褐色,允许部分菌盖与菌柄分离,有破碎、无霉变和虫蛀

菌片分级后先用食品袋封装,再用纸箱包装,运输过程要轻拿轻放,严禁挤压。储藏必须选择阴凉、通风、干燥和无虫、鼠危害的库房。

产品卫生指标按照 GB 7096—2003《食用菌卫生标准》要求。

第三节　食用菌真空冻干技术

一、真空冻干的原理

真空冻干(FD)的产品质量优于脱水烘干产品,真空冻干生产是在缺氧和低温条件下,使产品形、色、味和营养成分与鲜品基本相同,且复水性较强。因其在国际市场上迎合现代消费人群追求,"绿色、营养、安全、方便"的特点而深受青睐,其价格明显高于同类的普通干制品。因此,真空冻干成为新一代食用菌加工方法,发展前景看好。

真空冻干是利用升华和凝华的物性,将鲜菇中水分脱出,这种方法在大蒜、生姜、辣椒、水果等休闲小食品的加工中已广泛采用。目前食用菌脱水多是采取加热脱水的方法,而对升华脱水尚感生疏。其实水(H_2O)有固态、液态、气态,在一定条件下,这三态可以互相转化。在一定温度和压力下,使水降温凝结成冰,冰加热升华为水蒸气,水蒸气降温又可凝华为冰,冻干就是用这种原理使鲜菇脱水干燥。

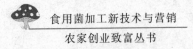
二、基本配套设施

冻干生产是在普通厂房内设前处理车间、冻干车间和后处理车间 3 个车间进行加工生产。前处理车间必备台案、水槽、甩干机、夹锅炉等，主要用于深加工冻干小食品；冻干车间内配置速冻床，干燥仓，以及真空、加热、监控等设备；后处理车间应备挑选台、振动筛，金属检测器，真空封口机等。甘肃兰州科近真空冻干技术公司，近年研制生产 JDG 型食品冻干机，设有水气冷井，提高了捕水量、结霜均匀，捕水率达 3.13 千克/平方米·小时。每脱水 1 千克冰能降耗 0.55 千瓦·小时，并配有 JDGP 智能监控软件，使温度控制精度达到 0.5℃，真空调节精度达到 1 帕，为国内目前较先进设备(咨询电话:0931－8275919/8271139)。

三、香菇冻干加工

(1)原料筛选 首先将进厂鲜菇剔除霉烂菇、带泥菇、浸水菇、病虫害和机械损伤菇，按照菌体大小、厚薄进行区分后，装入泡沫塑料箱内，每箱装量 10～15 千克。

(2)进库冻结 选好的原料菇，连同泡沫箱，通过输送带传送至隧道内，依次通过预冻区、冻结区、均温区，进入冷冻库。鲜菇经速冻库－30℃以下的温度速冻后，把库内温度调控在－18℃以下经 1～2 小时，然后再保温 1～2 小时，使菌体冻透，处于冰冻状态。

(3)加压升华 冻干主要控制温度和压力。生产时温度调控 0.01℃和压力 6105 帕以上，使菌体内水分蒸发成气体形成水，随着温度的下降水又结为冰。冰加热可直接升华为气(不经过液态)，气降温也可直接凝华为冰，固态水、液态水、气态水能互相转化。升华的中后期蒸汽量逐步减少，仓内真空度升高，此时制冷量可适当减少。升华结束后，物化结合水处于液态，此时应进一步提高菌体温度,进入解析阶段,使这部分水分子能获解析,从而使菌体干燥,在这种低温冷冻的条件下,一般经过 10～15 小时,可把菌体脱水干燥。

(4)低温冷藏　真空冻干后的制品,应迅速转入干燥房内包装。室内空气的相对湿度要求在 40% 以下,以免干品在包装过程中吸潮。干品包装后置于－40℃低温下,冷冻 40 小时,杀灭在储存过程中从外界侵入的杂菌、虫体及卵,然后起运出口。

真空冻干生产是食用菌加工业新开发项目,适于加工企业拓宽业务,但相对而言,其设备比普通热风脱水干燥投资大些,在开发此项目时,应根据对外贸易客户订单的要求,顺应市场,稳定发展。而对国内市场所需的旅游、休闲产品的加工,可与真空油炸并肩而进。

(5)产品标准　真空冻干产品分级感观指标、理化指标和卫生指标均参照脱水烘干香菇。

四、大球盖菇冻干加工

大球盖菇,又称为皱环球盖菇、酒红大球盖菇,是联合国粮农组织推荐栽培的一种新开发菌种。大球盖菇鲜品不易储藏,除盐渍加工外,近年来还可采取冷冻干燥,保持产品原有组织的固体骨架结构形态,保留大球盖菇的营养成分,并可常年应市,很受市场欢迎。在此我们为读者推荐田龙(2008)冷冻干燥技术。

(1)原料处理　大球盖菇采收前不宜喷水,采后清除菌体外部所粘附的培养基物料,并削净菌柄的泥沙,保持菌体朵形和清洁卫生。按照市场需要,分成整朵形和对切形菇片。

(2)机械设备　常见冷冻设备有 FD-5 型真空冷冻干燥机、DZF-6090 型真空干燥机、配套设备 WYK-303B2 型自流稳压电源、UNT-TCT56 型数字万用表热电偶及温度计。

(3)操作要点　冷冻干燥是利用冻结升华的物性将水脱出,

冻干过程利用升华,也存在凝华、蒸发和融解。操作时将处理好的大球盖菇放入速冻室,以 0.6℃/分钟的降温速率,快速冷冻到-40℃后,放入真空室进行干燥。真空室内的绝对压力宜控制在 100 帕,加热板温度 35℃,冷藏温度-60℃。物料干燥期间应注意压强不能太高,一般不超过 10 帕,以防物料起气泡、坍塌,达不到冷冻干燥产品的质量要求;加热板温度不宜超过 42℃,以防物料干燥速率升高,物料中心温度超过其共晶点温度,不能实现物料的升华干燥。

冷冻干燥过程,取决于冻干室的压力、加热板温度、预冻降温速率 3 个重要技术参数,还与菌体大小、厚薄有关,通常菌体厚度为 60 厘米。

(4)产品标准 冻干大球盖菇产品的质量取决于鲜菇体积收缩率和干品复水比这两个方面。一般体积收缩率为 29%～33%,冻干品复水比为 11%～13%。冷冻干品感观体态不变形、色泽自然、无气泡、凹塌、无杂质,应符合食品卫生指标执行 GB 7096—2003《食用菌卫生标准》要求。

第四节　食用菌干品的包装储藏

食用菌干品吸潮力很强,经过脱水加工的干品,如果包装、储藏条件不好,极易回潮,进而发生霉变及虫害,造成商品价值下降和经济损失。为此,必须把好储藏保管最后一关。本书重点介绍香菇、银耳两个品种的干品包装储藏,其他品种可参照此法进行。

一、香菇干品的包装储藏

(1)检测干度 凡准备入仓储藏保管的香菇干,必须检测干度是否符合规定标准,如发现干度不足,进仓前还要置于脱水烘干机内,经过 50℃～55℃烘干 1～2 小时,达标后再入库。

(2)严格包装 香菇脱水烘干后应立即装入符合 GB 9687 卫生规定的低压聚乙烯双层塑料袋内,袋口缚紧,不让透气。包装前严格检查,所有包装品应干燥、清洁,无破裂,无虫蛀,无异味,无其他不卫生的夹杂物。按照出口要求规格,用透明塑料袋包装,每袋装量 3 千克,抽真空后封口。外用瓦楞纸包装箱,规格为 66 厘米×44 厘米×57 厘米,箱内衬塑料薄膜,每箱装 5~6 袋。要严格执行农业部《农产品包装和标识管理办法》(2006 年 11 月 1 日起实施)和农业部 NY/658—2002《绿色食品包装通用准则》中的有关规定。

(3)专仓储藏 储藏仓库强调专用,不得与有异味的、化学活性强的、有毒性的、易氧性的、返潮的商品混合储藏。库房以设在阴凉干燥的楼上为宜,配有遮阴和降温设备。进仓前仓库必须进行一次清洗,晾干后,用每立方米 3 克气雾消毒盒进行气化消毒。库房内相对湿度不超过 70%,可在房内放 1~2 袋石灰粉吸潮,库内温度以不超过 25℃为好。度夏需转移至 5℃左右保鲜库内保管,1~2 年内色泽不会改变。仓库要定期检查,发现霉变及时处理。

二、银耳干品的包装储藏

(1)包装储藏 银耳含有丰富的蛋白质等营养物质,易于回潮。因此,烘干后应趁热量散发之前,用双层聚乙烯(PE)塑料薄膜袋包装,扎牢袋口,也可存放于衬有塑料袋的纸箱内。装入时所用的包装物要干净和干燥,无破损、无害虫、无异味。无公害银耳产品必须建立专仓保管,宜设于干燥的楼上。阴雨天应密闭窗门,并经常搞好仓库的清洁卫生和灭虫工作,储藏时间久了,要选择晴天进行翻晒。银耳干品角质脆硬,容易破碎,因此翻晒时要轻拿轻放,不宜堆叠过高,以免压碎而影响品质。严禁与有毒、有害、有异味、易污染的物品混藏。搞好防鼠、防虫、防霉工作,禁止

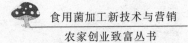
在库内吸烟和随地吐痰,严禁使用化学合成杀虫剂、防鼠剂和防霉剂,确保储藏期安全卫生。

(2)出口分拣 银耳商品出口前,必须进行分等分级挑拣。按照朵形大小、耳花疏松、色泽白黄,分为精选和统货两种。分拣时剔除烂耳、焦耳、黑蒂和异色,对剪花雪耳应剪去蒂头硬质和黄色的部分,上述均要筛去碎粉,即成正品。分拣场四周环境及场内要求清洁卫生,工作人员要戴口罩。

(3)装箱运输 出口银耳的包装箱、纸质和包装材料必须达到 GB 11680—89 规定的要求,外用双卡牛皮纸制成的瓦楞式夹心纸箱。中箱规格(长×宽×高)为 66 厘米×44 厘米×57 厘米,每箱装剪花雪耳 8 千克,或装整朵银耳 9 千克;小箱为 48 厘米×38 厘米×38 厘米,每箱装整朵银耳 4 千克。剪花雪耳常用白色透明聚丙烯塑料袋小包装,每袋装量 1 千克。袋规格(长×宽)为 70 厘米×40 厘米,薄膜厚度为 0.08 厘米。包装箱内衬塑料袋,每箱装 8 包,扎好袋口防潮。箱口用透明胶纸粘封,外扣两道编织带,包装标签应符合 GB 7718—1994《食品标签通用标准》的要求。出口集装箱大 40 英尺货柜,可装中箱 400 箱或小箱 1300 箱,20 英尺的货柜,可装中箱 180 箱或小箱 500 箱。运输过程要防止雨淋、重压,确保产品质量完好,包装运输的图示标志必须符合 GB 191 的有关规定。

第四章　食用菌渍制加工技术

第一节　食用菌的盐渍加工

一、食用菌渍制加工的种类

新鲜食用菌可采用盐、醋、糟、酱、糖等不同调味料进行渍制加工,又称为腌制,是我国民间传统的蔬菜加工方法。近年来随着食用菌产业的发展,这门古老的渍制加工技艺进一步得到研发,并应用于食用菌专业工厂生产,出现了盐渍、醋渍、糟渍、糖渍、酱渍等系列产品。渍制品可常年供应市场消费需要,其中盐渍品作为常年供应罐头工业和即食品加工业的原料,既有效地调节了鲜菇产季的供求矛盾,又为食品工业提供了原料保障。

二、盐渍加工的原理

盐渍是利用高浓度食盐溶液的高渗透压特性,使其超过微生物细胞渗透压。一般腐败微生物细胞液的渗透压为 $3.5 \sim 16.7$ 个大气压,盐渍加工食用菌制品含盐量可达 35%,能产生 200 个以上的大气压力,远远超过一般微生物细胞液的渗透压,从而可有效地抑制或杀死微生物细胞,同时高浓度的食盐及调味剂溶液,还可减少菌类渍制品的含氧量,对好氧性微生物的生长有抑制作用。

盐渍加工的食用菌产品,若含盐量达 25%,就已远远超过一般微生物的细胞渗透压,不但使微生物无法从盐渍产品中汲取营

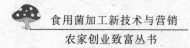
养物质而生长繁殖,而且还能使微生物细胞内的水分外渗,造成"生理干燥"现象,使微生物处于休眠状态或死亡,这是盐渍加工品得以保存较长时间的主要原理。

三、盐渍加工的工艺

食用菌盐渍加工工艺流程:

原料分级→清洗→杀青→冷却→盐渍→调酸→装桶→成品。

1. 食盐准备

食盐质量的好坏,对食用菌渍制产品有直接的关系。一般食盐中均含有各种杂质,如钙离子、镁离子、亚铁离子及其他盐类,如硫酸盐等,特别是粗制晒盐,常混有嗜盐细菌、酵母菌,有的还有少量泥沙及硫酸钙、碳酸钙。杂质常使盐类产生苦味、涩口等,若用于加工菌类,会导致产品质地粗硬,甚至在菌体表面留下斑痕,损伤外观,影响产品质量,因此,盐渍加工应选用精制盐。若没有这个条件,则应将盐水煮沸后静置片刻,取其上清液过滤备用。菌类盐渍加工中,很少使用食品防腐添加剂,所以盐液浓度一般为 22%～25%。

2. 鲜菇处理

(1)收整原料 适时采收,保持菌体完整,菌柄要求切削平整,拣去染病菇、虫蛀菇、斑点菇、畸形菇等。

(2)分级装运 按照客户的要求或按照各种食用菌的通用等级标准,依菌盖直径、柄长、菇形等指标进行分级。即使客户要求是统菇,也应把大小菇分开,这样在杀青时才能掌握好时间,以保证杀青质量。从采收到分级应尽可能快地连续作业,运送时不能挤压,以减少菌体破损,如果装运时间较长,最好先用 0.6% 盐水浸泡,或用冷藏车运输。

(3)清洗护色 洗去菌体表面的泥沙、杂质,通常用 1% 盐水清洗菌体。野生食用菌,如榛蘑、美味牛肝菌、红菇等,菌体表面杂质较多,有时还有蚊、蝇,可用1‰盐水反复冲洗。双孢蘑菇先用清水冲洗菌面,然后浸入0.03‰～0.05‰的焦亚硫酸钠溶液中,护色10分钟,再用清水冲洗3～4次,充分清洗菌体吸附的焦亚硫酸钠,国家食品卫生标准规定二氧化硫的残留量不得超过0.002‰。

3. 预煮杀青

将鲜菇浸入5‰～10‰的盐水中,用不锈钢锅或铝锅预煮。预煮的目的是杀死菌体细胞组织,进一步抑制酶的活性,排出体内的水分,使气孔放大,以便盐水很快渗透菌体。

(1)热水预煮法　先将水煮沸或接近沸点,然后把鲜菇投入,加大火力使水温达到100℃或接近沸点温度。煮沸时间依菌体大小而定,一般7～10分钟,检测方法可剖开菌体内以没有白心为度,然后捞出投入流动清水中冷却。为减少可溶性物质的损失,煮沸水可多次使用。如菇量过多,一时处理不完,可用1‰的盐水浸泡,作短期保存处理。

(2)蒸汽预煮法　将鲜菇装入蒸锅或蒸汽箱中,用锅炉供给蒸汽,温度控制在80℃～100℃,处理5～15分钟后,立即关闭蒸汽,取出冷却。采用此法,可以避免营养物质的大量损失,但一定要有较好的蒸汽设备,否则受热不均,预煮质量差。

4. 加盐腌渍

把预煮冷却沥去水分的菌体,按每100千克加食盐50千克进行盐渍。

(1)层盐层菇法　先在缸低铺2厘米厚的盐,再铺一层菇,再逐层加盐、加菇,直至缸满,最后一层盐稍厚;放上竹帘,再压上重物;加入煮沸后冷却的饱和盐水,调整pH值在3.5左右,上盖纱布,防止杂物混入。经常检测缸内盐液浓度,保持18波美度以上,即1升盐水中食盐含量为205克以上。

(2)饱和盐水法　先在缸内装入饱和盐水,然后放入经预煮凉透的菌体,再压重物,盖上纱布。由于加入菌体后盐水浓度会

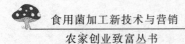

降低,要不断补充盐水,始终保持盐液成饱和状态。

(3)梯度盐水法 经预煮冷透的菌体,先浸入 10％～15％的盐水中,让菌体逐渐转成正常黄白色;经 3～5 天后把菇捞出沥干水,然后转入 23％～25％的盐水中浸渍一星期左右。这段时间要勤检查,一旦发现盐水溶液含盐量不足 18％,应立即补上。加盐时,适当去掉缸内的淡盐水,加上饱和盐水,把盐水浓度调至 18％或稍高。一般情况转缸两次即可,每次转缸后要用竹帘压上,使盐水淹过菇面,以防上面的菌体露空变色。食用菌盐渍方法如图 4-1。

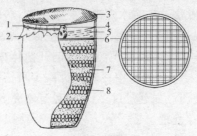

图 4-1　食用菌盐渍方法

1.绳　2.纱布　3.缸盖　4.压石　5.盐水

6.盖帘　7.食盐　8.菌体

5.翻缸装桶

如果没有打气搅拌盐水,冬天应 7 天翻缸一次,共 3 次;夏天应 2 天翻缸一次,共 10 次。盐渍 20 天以上即可装桶,装桶前先将盐渍好的菌体捞出沥尽盐水(一般以沥水断线即可),通常用塑料桶分装。出口菇需用外贸部门规定的专用塑料桶,内衬塑料袋,定量分装,每桶 20～25 千克。然后加入重新配制的调酸剂至菇面,用精盐封口,排除袋内空气,扎紧袋口,盖紧内外盖。装入统一的加衬纸箱,用胶条封住,打"井"字腰。桶口直立朝上,注意防潮、防热。包装室内严禁放置农药、化学药品及其他无关杂物,工作人员要穿工作服、戴口罩,禁止在工作间吸烟,并防止头发等杂物混入菇中。

6. 盐渍品变质原因及预防措施

食用菌在盐渍过程中或在较长一段时间储藏后（3 个月以上），经常出现以下几种情况：

(1)醭膜或菌花　醭膜是灰白色或乳黄色、具有皱纹的膜状物，浮在盐水面上，是由产膜酵母菌或伪酵母菌，在盐水表面生长所产生的。菌花是乳白色、光滑的膜状物，是由酒花酵母菌产生的。这些微生物都属好气性、抗盐耐酸的微生物，能够氧化糖、乙醇、醋酸及乳酸等，而生成二氧化碳和水，对盐水菇的品质有不良的影响。控制这些微生物活动的方法有两种：

①加满盐水，旋紧盖子，隔绝空气，形成无氧状态，使这些好气性微生物因缺氧而不能生长。

②盐水咸度升至 22 波美度以上，pH 值降至 2.5 以下。

(2)上层菇体腐烂发臭　由于菌体浮出液面接触空气，促进了细菌活动，分解菌体营养产生吲哚、硫醇、硫化氢等有毒气体，产生恶臭。预防措施是在盐渍加工装缸时，不让菌体浮出液面，采用竹箔、卵石压住。

(3)菌体变黑　由于杀青不彻底，菌体内的酶没有完全被破坏，在蛋白质水解酶的作用下，蛋白质水解成氨基酸，氨基酸中的酪氨酸在酪氨酸酶的作用下，氧化生成黑蛋白。此外，细胞中的氨基酸与还原糖作用，也可以生成黑色物质，使菌体变黑。预防措施是杀青要彻底，掌握好菌体煮到熟而不烂；装桶时加入 0.4%～0.5%的柠檬酸，可使菌体呈淡黄色。

(4)菌体变味　由于盐渍时盐水浓度太低，乳酸菌和异型乳酸菌进行发酵活动，降解菌体，产生乳酸，致使菌体发酸变味。预防措施是注意检查盐水咸度，控制在 22 波美度以上。

7. 盐渍菇产品标准

食用菌盐渍品质量标准，目前尚未见国家标准公布，这里介绍福建省古田县行业标准,供参考。

(1)感观标准 盐渍菇感观指标见表4-1。

表 4-1 盐渍菇感观指标

项　目	指　标
色　泽	具有盐渍品固有的色泽
香　气	具有盐渍品之香气
滋　味	纯正爽口,咸度适当,无异味
体　态	规格大小基本一致,无杂质
质　地	质地脆嫩

(2)理化指标 盐渍菇理化指标见表4-2。

表 4-2 盐渍菇理化指标

项　目	指　标		
	干态	半干态	湿态
水分(%)　　　　　　≤	40.0	70.0	85.0
食盐(以氯化钠计)(%)　≥	8.0		

(3)卫生指标 应符合国内外菇品卫生安全标准。

四、食用菌盐渍加工实例

1.姬松茸盐渍

姬松茸在国际市场以盐渍品为主,在国内市场以鲜品为主。我们向广大读者推荐福建杨淑云等(2008)研究总结的一套姬松茸盐渍加工方法。

(1)原料要求 姬松茸子实体七成熟,菌盖直径4～10厘米,柄长6～14厘米,未开伞、表面淡黄色、有纤维鳞片、菌幕未破时采收。过熟采收,易开伞且菌褶变黑,降低商品价值。采下的鲜菇及时用竹刀削去菌柄基部杂质,削口平齐,不能把菌柄撕裂。刮掉泥土,尤其注意把沙窝泥眼刮净,同时把开伞菇、畸形菇、破损菇和有病斑有虫伤的菇一并剔除。

(2)护色清洗　防止鲜菇褐变,可先用0.6％的盐水洗去菌体表面泥沙等物,再用0.05％的柠檬酸溶液(pH值为4.5)漂洗,以抑制菌体的酶活力,防止菇色变深和变黑。然后洗净菌盖,用流动清水反复冲洗菌体,除去残留在菌体上的杂质和护色残液,洗净后盛在竹筐内控水。鲜菇按商品质量要求分成菇形大小、菇肉厚薄若干等级。

(3)杀青漂洗　将菌体放入10％的盐水中煮5～8分钟或将菌体放入笼中蒸3～5分钟。杀青时间因菌体大小而定,一般蒸、煮至菌体熟而不烂、菌体中心熟透为止。判断杀青程度的标准如下:

①用手捏菌体,内部无硬心,有弹性,菌肉内外色泽一致。

②将菌体放入冷水中会沉入水底,即为杀青好的菌体,若菌体浮在水面则表明杀青不足。

随即将其浸入流动的冷水中冷却并漂洗,要求菌体冷却迅速,内外冷透均匀,不得有局部过热现象,否则盐渍后会变黑、发臭和腐烂变质。冷却漂洗结束,捞出沥水,即可进行盐渍。

(4)配制盐液　先将盐用适量水溶解后澄清,用纱布过滤除去有害杂物,取过滤液重新结晶。得到的结晶盐加适量开水溶化,直到盐不能溶解为止,再放少量明矾,静置冷却后放入专用缸内备用。调酸剂是将50％柠檬酸、42％偏磷酸钠和8％明矾混合均匀,再加入饱和盐水中制成,柠檬酸浓度为10％,pH值为3～3.5。

(5)盐渍装桶　将容器洗刷干净,按每100千克菌体,加25～30千克食盐的比例,逐层放入缸中。先在缸底放一层盐,接着放一层菇(每层8～10厘米厚),依次一层盐一层菇,直到放满缸。缸内注入冷却后的饱和食盐水,再在菌体上撒一层精盐封口。最后缸口盖上用竹片或木条制成的盖帘,并压上石块等重物,使菌体始终浸没在盐水中。缸口用纱布和缸盖封口,以防掉进杂物。

3 天后倒缸一次,以后 5～7 天倒一次缸。菌体浸入饱和食盐水,会使饱和盐水稀释,浓度过低时,应在倒缸后加饱和盐液补充。一般盐渍 20 天,盐水充分进入菌体内,即可装桶。每桶装量为 25～50 千克,然后加入配制好的调酸剂,淹没菌体,并用精盐封口,以排除袋内空气,扎紧袋口,盖紧内外盖。在加工过程中要注意做好卫生管理,操作人员要戴帽、穿上工作服,防止毛发掉入菇中。

2. 大球盖菇盐渍

(1)原料整理 要求子实体在八九分成熟,即菌膜未破裂时采收的鲜菇作原料。消除菌根,清理杂物,剔除开伞菇。

(2)漂洗沥水 将整理好的大球盖菇,及时用清水漂洗,洗去尘埃、杂质,捞出沥去表面水分。在操作过程中,注意不要碰伤菌体。

(3)预煮冷却 为了防止菌体开伞变质,漂洗沥干水分的鲜菇,必须立即放入不锈钢锅中,加入 5% 左右的盐水进行预煮。操作时先将鲜菇装在竹篮或不锈钢制的有孔框里,待锅中盐水沸后下锅煮,以沸水后计时约 5 分钟,剖开无白心为宜,然后连篮(框)一起取出,置于流动的清水中迅速冷却。

(4)入缸盐渍 将预煮冷却沥水的大球盖菇,用事先清洗干净的缸或专用塑料桶作容器,按菇盐比 100∶(25～30)的比例逐层盐渍。先在容器底部撒一层盐,再放入 8～9 厘米厚的大球盖菇,依次一层盐、一层菇,直至装满缸(桶)为止,最后注入事先调配好并经纱布过滤的饱和盐水,菇面加竹帘,上用清洁石块压实,使菌体淹没在盐水中,以防浮起氧化变质。3 天后翻缸,盐水浓度低于 1 波美度时,可用饱和盐水调整。以后每隔 5～7 天要翻缸一次,稳定在 21%～23% 盐水浓度下,一般要盐渍 20 天以上。

3. 滑菇盐渍

滑菇目前主要以保鲜品和盐渍品应市,我们给广大读者推荐四川龚明清(2007)研究的盐渍加工方法。

(1)原料处理 用于盐渍加工的滑菇,要求鲜菇菌盖完整,去掉菌根,淘汰畸形菇,并削去老化曲柄。当天采收的鲜菇应当天加工,切勿过夜。用50千克水加0.3千克食盐的溶液清洗。先洗去鲜菇表面杂质,然后用柠檬酸溶液(pH值为4.5)漂洗,以改变菌体色泽。

(2)鲜菇杀青 使用不锈钢锅或铝锅,加入10%的盐水,水与菇的比例为10∶4。盐水沸腾后,将滑菇装在竹筛中(装入量为容器体积的3/5)一同放入,并不断摆动,使菌体全部浸入沸水中,然后除去泡沫。煮沸时间为7~10分钟,以达到菌体没有白心,内外均为淡黄色为宜。煮好后连筛取出,放入流动的清水中冷却20~30分钟。使用过的锅中盐水可连续使用5~6次,当使用2~3次后,每次应适量补充一些食盐。

(3)制备盐液 先制备饱和盐水,准备按水与盐1∶4,将食盐用开水溶化,用波美密度计测其浓度为23波美度左右时,再放入少量明矾,静置冷却后取其上清液用8层脱脂纱布过滤,使盐水清澈透明,即为饱和盐水。加入专用缸内,用布盖好,再盖上缸盖备用。然后配制调酸剂,用柠檬酸50%,偏磷酸钠42%,明矾8%,混合均匀后,加入饱和盐水中,再用柠檬酸将pH值调为3(夏季)或3.5(冬季)即成。

(4)盐渍加工 容器用0.5%高锰酸钾溶液消毒后,经开水冲洗。将杀青后分级并沥去水分的滑菇,按每100千克加20~30千克精盐的比例逐层盐渍。先在缸底放一层盐,接着放一层菇。滑菇厚度8厘米左右,依次重复摆放,直至缸满为止,缸内注入煮沸后冷却的饱和盐水。表面放入竹帘,并压上石头,使滑菇浸没在盐水内,3天必须翻缸一次,以后5~7天倒缸一次。盐渍过程中要经常检测盐水浓度,缸口要用纱布和缸盖盖好。

(5)成品装桶 盐渍20天以上即可装桶,装桶前先将盐渍好

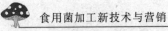
的菇捞出，控尽盐水。一般用塑料桶分装，将新配制的调酸剂倒至菇面，用精盐封好口，排除桶内空气，盖好内外盖即可。

4. 双孢蘑菇盐渍

(1)漂洗护色　先用清水洗去菌体表面的泥沙杂质，捞起浸入 0.03%～0.05% 的焦亚硫酸钠溶液中，上下翻动。护色 10 分钟后，放入清水中漂洗 3～5 次，洗去残留在菌体表面的焦亚硫酸钠残留液。

(2)杀青冷却　先把水烧开，再放入漂洗过的蘑菇，边煮边上下翻动。捞去浮在表面的泡沫，煮至蘑菇熟而不烂，即可捞起冷却，一般水沸后 8～10 分钟就可煮熟。锅里的水可连续煮 5～6次，再换清水，漂烫水可用浓度 5%～6% 的盐水，也可以用清水，然后放入流动的冷水中冷却，或用 4～5 只水缸连续轮流冷却。

(3)盐渍工艺　盐渍有两次加盐渍制和多次加盐渍制两种方法：

①两次加盐渍制法。冷却后沥去清水，先把菌体放到浓度为15%～16% 的盐水中，渍制 3～4 天，使盐分向菌体中自然渗透，逐渐转色，称为"定色"。然后捞起，沥干，再放到 23%～25% 的盐水内。每日转缸 1 次，发现盐水浓度低于 20% 时，应立即加盐补足，或倒出一部分淡盐水，放入饱和盐水调整。盐渍一周后，当缸内盐水浓度稳定在 22 波美度左右时，即可装桶。

②多次加盐渍制法。将冷却后的蘑菇装入盐渍池或陶瓷缸中，加入 8～10 波美度盐水至淹没菌体，再用竹箔或木板把蘑菇压在液面下面，防止菌体浮起露空而腐烂变黑、发臭。经盐渍 4～6 天，盐度会降至 2%～3%，菌体由灰白色逐渐转白色，又再慢慢转黄色。当色泽转到浅黄色或黄色时，就要及时提高盐度，防止发酵过度变酸，也可以直接加精盐。盐渍所需的盐最好分批加入，逐渐加大盐度，这样可使盐分渗入组织的速度加快。盐渍的方法是每日加入一定量的食盐（为菇和盐水总量的 4%～5%），使

盐度每日提高 4～5 度,直到盐水浓度稳定在 22%以上时,停止加盐。为了检查蘑菇组织与盐水浓度是否达到平衡,可捞取少量蘑菇放入配好的盐水中,若下沉证明已达到平衡,若上浮表明没有达到平衡,要继续盐渍。一般来说,盐渍过程需要 20 天,每 100千克漂烫后的蘑菇,需用 35～40 千克食盐。

(4)装桶调酸 将已盐渍好的盐水蘑菇捞起,沥去盐水,约 5分钟后称量,装入塑料桶内。根据塑料桶的型号大小,每桶定量装入 25 千克、40 千克或 50 千克。然后在桶内灌满新配制的 22波美度的盐水,用 0.4%～0.5%柠檬酸溶液,调节 pH 值至 3～3.5,并加盖封存。

5.鸡腿蘑盐渍

鸡腿蘑子实体成熟快,货架期短,鲜销保质期一般只有 1～2天,因此大多数采取盐渍加工处理。

(1)原料处理 在菇蕾期即菌环紧包菌柄,菌盖表皮呈现出平伏状鱼鳞片,高度在 10～15 厘米之间时迅速采收。若在菌环松动后采收,将影响盐渍菇质量。原料菇要求菇体完整、无破损,应切削整齐,然后置入清水中漂洗或用自来水,洗除菌体表面尘埃、泥沙等杂质,洗净后捞起控水。

(2)预煮杀青 将自来水注入铝锅或不锈钢锅内,加热至100℃左右,将清洗后的鸡腿蘑放入锅内开水中煮制,一边煮,一边搅动,及时清除锅中冒出来的泡沫。从水开下锅到煮熟、煮透后出锅需 5～7 分钟,具体煮制时间根据火力和菇体大小而定,要求煮熟、煮透,掌握煮至不生不烂为止。其鉴别方法如下:

①一看。停火片刻后看菌体沉浮,沉入水中为熟,浮于水面为生。也可从锅内捞起几个菌体放入冷水中,熟的下沉,生的上浮。

②二捏。用拇指、食指、中指捏压菌体,若有弹性、韧性,捏陷复位快为熟,反之为生。

③三切。用不锈钢刀切开菌体,菇心变黄为熟,菇心白色为生。

④四咬。用牙咬试,生菇粘牙,熟菇脆嫩不粘牙。

⑤五尝。生菇有苦味,熟菇无苦味。

(3)清水冷却 将杀青煮熟后的菌体从锅中捞出,迅速倒入盛有清洁冷水的缸、盆、池中冷却 30 分钟,或放入流动的自来水中,冷却至菇心凉透为止。如果冷却不透心,容易发黑、发霉、发臭,冷却捞出后滤水 5～10 分钟。

(4)入缸盐渍 缸内放入 15～16 千克食盐,冲入 100 千克开水,搅拌溶解,冷却后用纱布过滤,除去杂质即形成 15％～16％盐水。将冷却滤水后的菇放入盐水缸中进行盐渍,使盐分向菌体自然渗透。如果发现缸中菇味有变,要及时倒缸。盐渍 3 天后将菇捞起,再放入 20％的盐水缸继续盐渍,以菌体不露出盐水面为宜,以免菌体发黑变质。盐渍期间每天倒缸一次,并使盐水浓度保持在 20％～22％之间。若盐水浓度偏低,可从缸内倒出一部分淡盐水,再倒入饱和盐水进行调整。盐渍一周后,当缸内盐水浓度稳定在 20％且不再下降时,即可出缸。

(5)定量装桶 沥去盐水约 5 分钟后称重,按容器大小定量,装入盐渍菇 25 千克或 50 千克,并在容器内灌满 20％的盐水,用 0.2％柠檬酸调节 pH 值至 3～3.5,盖上容器盖即为成品。

6.草菇盐渍

(1)原料处理 草菇长到鸡蛋大小(蛋形期)、饱满、光滑,伞盖与伞柄破裂时质量最好。开伞后不宜做盐水菇。采后立即整理菇脚,削去杂质,用清水漂洗,除去菌体表面的泥沙。

(2)杀青冷却 将洗净后的草菇放入沸水中煮 3～5 分钟,以煮透菌体中心为度。煮后立即捞起放入冷水中冷却,直至菌体中心凉透为止,否则容易长霉、腐败。杀青时可用清水煮,也可用 5％～7％盐水煮。

（3）加盐渍制　按一层盐、一层菇的顺序装缸，装至大半缸时，向缸内倾入饱和盐水，即 100 升水加 40 千克盐煮沸溶解，用纱布过滤，冷却，取上清液倒入缸内。盐渍时饱和盐水一定要淹没菇层，上面压重物。如果菌体露出盐水，就会在空气中变色、腐烂。

（4）转缸装桶　在盐渍过程中要转一次缸，以促使盐分均匀，排除不良气体。如有不良气体生成，说明盐度不够，还需加盐。渍制 20 天左右即可调酸，进行装桶外运。盐渍草菇保藏期为 2～3 个月。

盐渍草菇放在清水中浸泡脱盐，或在 0.1％柠檬酸液中煮 8 分钟脱盐，再在清水中漂酸，即可食用。

7. 平菇盐渍

（1）选料　当菌盖为白色或近白色、边缘稍内卷、担孢子尚未大量释放，一般子实体形成 3～5 天时即可采收。通常八成熟时采收为好，采收太早，影响正常生长，产量低；采收太迟，菌盖易裂，肉质脆而老化，孢子大量释放，品质降低。

采下的平菇用刀削根，留柄 2～3 厘米。根据客户要求进行分级，即使对方要求统菇，也要按大小分开，这样加工时才能保证质量。叠生菌体必须分成单叶，菌盖尽量保持完整，然后用清水浸泡，洗去尘埃、泥沙等杂质。

（2）杀青　用旺火把水烧开，将洗净的平菇放入沸水中，每次投入量不要太多，一般每 100 升水加 10～20 千克鲜菇，水沸后再煮 5～10 分钟，视菌体大小而灵活掌握。当菌柄中部无夹生的白心，就可捞出。煮时要用铝漏勺轻轻翻动，使菇生熟一致。10 千克鲜平菇经杀青后，重 9 千克左右。

（3）冷却　煮熟后立即捞出放入冷水中冷却，要快冷、冷透至菌体内的温度不超过 16℃。冷却后全部沉入水中说明煮熟，如果浮起不下沉，撕开菌柄肉色不变，表明没煮熟，应捞出重煮一次。

（4）盐渍　把充分冷却后的平菇捞起，沥干水分，置于大缸内进行盐渍。一层精盐一层菇,菇层厚约 5 厘米,100 千克鲜菇,加 24 千克精盐。装满后注入饱和盐水,使咸度为 22～24 波美度。然后在缸面盖一层纱布,加上竹箔,再压上石头。经常测定盐水咸度,当盐水咸度低于 22 波美度时,要及时加盐,一般盐渍 15 天即可包装。

(5)装桶 把盐水菇捞出,放入包装桶内,加入调酸饱和盐水。调酸饱和盐水由 99 份饱和盐水加 1 份调酸剂,调酸剂配方为柠檬酸:偏磷酸钠:明矾＝50:42:8。调酸盐水加入量应依客户要求而定,通常以浸没菌体为度。包装前要检查盐水的 pH 值与浓度,冬季 pH 值应在 3.5 以下,夏季 pH 值应在 3 以下,达不到时可用柠檬酸调整。

8.真姬菇盐渍

真姬菇商品名称为"玉蕈",福建、广东称为海鲜菇、蟹味菇。河北、山西等省均以盐渍菇向日本出口。

(1)清料 将采收的真姬菇一个一个地分开,去除基部小菇和死菇,切去过长的菇柄,分别用清水洗去泥沙、木屑等物。

(2)预煮 鲜菇预煮 5～7 分钟,鉴别煮透标准可采用"二看、二捏、一试尝"的方法。

①二看:一看沉浮,鲜菇入锅时浮于水面为生,没入水中为熟;二看色泽,生菇柄无光泽,熟透则发亮,菇色加深。

②二捏:用手轻捏菇柄,生菇有弹性,捏后恢复原状,再重捏菇柄就破碎;煮熟后轻捏或重捏,均会捏扁菇柄不变厚、不破碎。

③一尝试:尝试味道,生菇都有苦味,煮熟后味鲜不苦。

(3)冷却 经过预煮后的菇,立即浸入冷水冷却,一般用自来水流动冷却,要求迅速,冷却彻底。

(4)盐渍 预煮菇经冷却后,捞出沥去水分,即可入缸盐渍。一层盐一层菇,直至满缸,缸口用食盐封缸,并向缸内注满饱和盐液。让菇体全部浸入盐液之中,加盐量一般为鲜菇重量的 40%。

（5）**翻缸**　盐渍 7～10 天后要转缸 1 次，即把菌体捞出重新转入另一缸中，要一层盐一层菇至满，并向缸中注入饱和盐液。每 100 千克饱和盐液中加入柠檬酸和偏磷酸各 0.15 千克，然后加盖封缸口，防止杂物进入，保存期为一年左右。

9. 金针菇盐渍

（1）**清理菌体**　采后及时切去根部，并用清水洗净、沥干。

（2）**护色处理**　金针菇（黄色种）采后见光易氧化褐变，使颜色加深，从而降低商品质量，因此，采后应尽快进行护色处理。将洗净后的金针菇浸入 0.05％焦亚硫酸钠溶液中，护色处理 10 分钟，并经常上下翻动，使菌体处理均匀。然后捞出用清水冲洗 3～5 次，洗去残留的焦亚硫酸钠。

（3）**杀青冷却**　清水加入 0.2％柠檬酸和 10％食盐，水：菇为（5～10）：1。用旺火把杀青水烧开，放入已经护色的金针菇，水沸后杀青 3～5 分钟，捞出用冷水迅速冷却。

（4）**盐渍**　杀青后将金针菇放入塑料桶或缸内，加入饱和盐水，并在饱和盐水内添加 2％的柠檬酸。盐水必须淹没菌体，并用竹箝压下菌体，不能让菌体浮出液面，以防腐烂。每日测定盐水浓度，若咸度降至 20％以下，应加盐至 22 波美度，经过 7～10 天菌体的咸度就可与盐液的咸度达到平衡。

（5）**装桶调酸**　已达平衡的金针菇，捞起装入统一规格的塑料桶内，加入调酸的饱和盐水，即在饱和盐水中加入 0.5％的柠檬酸。盐水必须加满，盖上内盖，把菌体压没液面，旋紧外盖，贴上标签，入库储存。

10. 凤尾菇盐渍

（1）**杀青**　将采摘的凤尾菇分级、洗净、柄留 3 厘米，放入 10％的盐水中，在铝锅内煮沸至 1 分钟，立即捞出，放入流水中漂洗、冷却。

（2）**盐渍**　先在缸底铺一层盐，然后放一层菇，依次装至满缸,最上面再撒一层盐。加盐量按 50 千克凤尾菇加 12 千克精盐,装完后再加饱和盐水(100 千克水,加入 24 千克盐和 20 克柠檬酸配成),淹没菇面,压上重物,盖上纱布。

(3)**翻缸** 浸渍 7 天后翻缸,使菌体盐渍均匀,并检查盐水浓度,应为 22 波美度;14 天后再翻缸一次,盐水浓度达到 22 波美度。

(4)**装桶** 将盐渍凤尾菇装入酸性饱和盐水中(柠檬酸 50%、偏磷酸钠 42%、明矾 8%,用热水调制),其 pH 值为 2～3.5,然后装入塑料袋内,扎好口,封好桶即可。

(5)**分级** 一等品菌盖直径为 1～5 厘米,菌柄长为 1 厘米,菌盖破碎率小于 5%,无杂质、老根,无霉变,颜色自然;二等品菌盖直径为 5～10 厘米,菌柄长 1 厘米,菌盖破碎率小于 5%,无杂质、老根,无霉变,颜色自然。

11. 猴头菇盐渍

(1)**菌体整理** 将鲜猴头菇切去带苦味的菌柄,用清水洗净。

(2)**护色处理** 用 0.05%～0.1% 焦亚硫酸钠溶液浸泡 10～20 分钟,使菌体变白色。用 2 份溶液浸泡 1 份鲜菇,使菌体充分接受溶液,再用清水冲洗 3～5 次。

(3)**杀青冷却** 用 9% 的盐水煮 3～5 分钟,这种盐水可连用 3～5 次,但每次应加入适量的盐。杀青后的猴头菇用冷水冷却。

(4)**盐渍** 在缸内先撒一层精盐,再铺一层菇,依次一层盐一层菇地装缸,盐和鲜菇的比例是 40∶100,最后注入饱和盐水。经过 20 天左右的盐渍,菌体咸度达到 20～22 波美度时,便可装桶。

(5)**装桶** 采用塑料桶分装,将盐渍好的猴头菇从缸内捞出,沥干至滴水断线不断滴时称重。按规定重量装入塑料桶内,然后加入调酸的饱和盐水,至盐水 pH 值为 3～3.5,盖上桶盖,在桶外注上标记和代号,入库保存或运销。

12. 野生菌盐渍

牛肝菌、松乳菇、鸡枞菌、香乳菇、绒乳菇、红菇等均为美味野生菌类,很受东欧各国市场欢迎。其盐渍加工方法有干渍法、冷渍法、热渍法 3 种。

(1)干渍法 先对鲜菇进行分级、精选、洗净、沥干等处理。在加工容器内撒一层食盐,放一层鲜菇,菌盖向下。每层菇厚为 5~6 厘米,按菇重 7%加盐。表层用石头重压,使菌体紧贴,经 3~5 天盐渍后,菌体缩小,应往桶中加入新的菌体,并往桶内菌体上撒入适量食盐,至满后封口,贴上标签,于荫凉处存放。

(2)冷渍法 此法适于短柄红菇、毛头乳菇、绒乳菇、波缘乳菇等菌类的加工。这些菇略带苦味,先将菌体洗净后切柄,再置于流动水中漂洗。菇品入桶后注入冷水,盖上重物压住,置于阴冷凉处,一昼夜至少换 2~3 次水。浸泡时间一般为 3~5 天,以除去菌体内的苦味。当菌盖弯曲、尚未折断时,终止洗涤,加盐腌渍。盐渍时菌盖向下,放菇 5~8 厘米厚时,加一层盐。每 100 千克菌体,加食盐 6 千克、月桂叶 0.02 千克、胡椒粒 0.01 千克。装满桶后加盖,上面压重物,过 5~7 天后再加一批鲜菇,并补足 6%的食盐即成。

(3)热渍法 野生菌大多数采用热渍加工法,鲜菇用清水洗去苦味,一般浸洗 1~3 天,每天换水 3 次以上,以免酸败。浸洗后放入不锈钢网状容器中,在 2%的盐液中预煮 3~5 分钟,同时用漏勺捞出泡沫,取出淋水冷却。按一层盐、一层菇,菌盖向下摆放,1 千克菇加 60 克盐,装至 1/3 桶时,盖上纱布,并用木板、石头重压,保持 2~3 天。当菌体盐水渗出时装桶,容积装至 2/3 的鲜菇,盐渍方法同上,盐渍 3~5 天后便可装桶。封盖前应往桶中加入 6%~8%的盐液,便可包装。包装物表面贴上标签,注明菇类名称、加工方法、总量、净重、生产日期、加工代号等。加工 1 吨盐渍成品,应用盐 50~60 千克、月桂叶 0.2 千克、胡椒粒 0.1 千克。

松乳菇盐渍时间为 5~6 天,香乳菇、短柄红菇盐渍时间为 30~35 天,毛头乳菇盐渍时间为 40 天,只有经过充足时间的盐渍,才能达到成熟期,形成独特的风味。

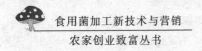
第二节　食用菌的糖渍加工

一、糖渍加工的原理

利用食糖腌制保存食品的方法,在我国已有两千多年的历史,糖渍最早使用的是蜂蜜而不是糖,许多古籍中所载的蜜饯,是指利用蜂蜜加工浸渍而成。随着技术与工艺的革新,利用糖浸渍制成的糖渍品,也称为蜜饯。蜜饯产品的显著特点是保存期长,风味独特,而且还有医疗、保健作用,如生津、止咳、润喉等。食用菌蜜饯目前市场上尚少有出售,而且花色品种也少。随着人们生活水平的进一步提高,食用菌糖渍加工技术的开发利用将逐步发展,其产品的花色品种也将进一步丰富。

食用菌糖渍就是设法增加菌体的含糖量,减少含水量,使其制品具有较高的渗透压,以阻止微生物的活动,从而使制品得以保存。食用菌的糖制品含糖量只有达到65％以上,才能有效地发挥抑制微生物的作用。严格地说,含糖量要达到70％以上才安全。因为70％含糖量的制品,其渗透压约为50个大气压,微生物在这种高渗透压的食品中,无法获得所需的营养物质,微生物细胞原生质会因脱水收缩,而处于生理干燥状态,无法活动,虽然不会使微生物死亡,但也迫使处于假死状态,只要糖制品不接触空气、不受潮,含糖量没有因吸潮而稀释,糖制品就可以久储不坏。

糖还具有抗氧化作用,有利于制品色泽、风味和维生素等对人体有益物质的保存。食糖的抗氧化作用是由于氧在糖液中的溶解度小于在水中的溶解度,并且糖浓度与氧溶解度呈负相关,也就是糖的浓度愈高,氧在糖液中的溶解度愈低,由于氧在糖液中的溶解度小,因而也有效地抑制了褐变。

二、糖渍加工的生产工艺

(1)选料修整　加工蜜饯的原料菇要求成熟度、大小一致,经挑拣,剔除病菇、虫菇、斑点菇和严重畸形菇,削去老化的菌柄或带基质的柄蒂。用清水漂洗干净,因蜜饯产品是直接食用的,绝对不能混有杂质,以保证食品卫生。漂洗干净后用不锈钢刀把菌体切成小块,以利于缩短糖煮时间,也便于食用,一般切成 3～4厘米见方的菇块。

(2)杀青制坯　整理后的菌体与盐渍加工原料菇一样,要进行杀青。菇坯是以精盐为主腌渍而成的,精盐有固定新鲜原料成熟度,脱去部分水使菌体组织紧密,改变细胞组织的渗透性,以利于糖渍时糖分的渗入。

菇坯的腌制过程为腌渍、暴晒、回软和复晒。主要是腌渍,盐渍液用 10％左右的盐水,盐渍时间需 2～3 天。但大多数食用菌蜜饯加工时,不需要进行腌制处理。

(3)保脆硬化　保脆和硬化处理是将菌体放在石灰、氯化钙或亚硫酸钙的稀溶液中浸渍。也可以在腌坯时或腌坯漂洗脱盐时,加少量石灰和明矾等硬化剂进行硬化保脆。菌体经过硬化保脆,可以避免在糖煮时软烂、破碎。

(4)菌体着色　为了使食用菌蜜饯的外观更加好看,常需人工染色。染色用的食用色素有天然色素和人工色素。天然色素直接取自植物组织,如姜黄、栀子黄、胡萝卜素、叶绿素等,应尽可能不用人工合成化学色素,严格执行国家卫生部《食品添加剂卫生管理办法》规定的着色剂品种及使用限量。菌体染色可直接浸入色素液中着色,或将色素溶入稀糖液中,使菌体在糖渍的同时也进行着色。

(5)糖液渍制　蜜饯的加工方法分为加糖煮剂(糖煮)和加糖腌渍(蜜制),大多数食用菌均可采用加糖煮制法。加糖煮制可分

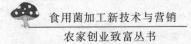
为敞煮和真空煮两种方法,敞煮又分一次煮成和多次煮成。一次煮成是把菌体与糖液合煮而成。多次煮成是把菌体与糖液分 2～5 次进行合煮,第一次合煮的糖液浓度约为 40%,煮沸 2～3 分钟,冷却 8～24 小时;第二次合煮的糖浓度增加 10%,如此反复进行糖渍。

(6)烘晒上糖 干态蜜饯糖渍后进行烘烤或晾晒,制品干燥后含糖量应接近 72%,水分含量不超过 20%。干燥后的蜜饯浸入糖液中蘸湿,立即捞起,再进行一次烘晒,使其表面形成一层透明状糖质薄膜,称为"上糖衣",大多数食用菌可通过上糖衣来提高品质。也可在糖煮后,待蜜饯坯冷却至 50℃～60℃ 时,均匀地拌上白砂糖粉末,俗称为"粉糖",即得蜜饯成品。

(7)整理包装 食用菌蜜饯在干燥过程中易结块,要注意整理。蜜饯的包装应以防潮、防霉为主,最好是用罐头瓶密封包装。也可用塑料复合膜袋、塑料盒密封包装。若用纸盒包装,也需用塑料袋密封。

三、食用菌糖渍加工实例

1. 蘑菇糖渍

(1)选料浸泡 制作蘑菇蜜饯的原料应选无病斑、无虫蛀、未开伞、大小均匀的菌体,留柄 0.5 厘米左右,洗净后,立即投入 1%～2% 的食盐水中,浸泡 4～6 小时,以增强菌体的硬度和驱除菌体的异味。

(2)杀青处理 将盐水浸泡过的蘑菇倒入沸水中煮沸 10 分钟左右,然后立即冷却,以破坏菌体中的氧化酶,防止菌体褐变,同时也增加菌体的韧性,使原料菇大小一致,外形美观、整齐,便于加工。

(3)漂洗护色 将修整好的菌体浸入 0.02% 焦亚硫酸钠溶液中,浸泡 8～10 分钟。用清水掉冲洗掉残留的焦亚硫酸钠余液。

（4）糖液渍制　在清洗干净的菌体中加入 40％的糖液，糖渍 24 小时，然后滤出糖液，调糖度至 50 波美度，煮沸 10 分钟左右，浸泡 24 小时。采取逐渐加糖的方法，将菌体煮至呈透明状时，立即停止。糖液的终点浓度，应达到 65 波美度以上，浸泡 24 小时。

（5）烘烤包装　把糖煮好的菌体捞出沥干，放入烘房中进行烘烤，烘烤温度为 70℃左右，至菌体呈透明而不粘手时停止，用塑料袋密封包装，即为成品。

（6）产品标准　糖渍蘑菇产品质量标准，应符合以下要求：

①感观指标：色泽浅琥珀色或金黄色，透明有光泽；外形美观别致，具有蘑菇外形特征，在规定期限内不返砂、不流糖；口感柔韧而不坚硬、甜酸适口、后味尤长，无不良气味或杂味。

②理化指标：可溶物为 65％～70％，水分为 14％～18％。

③卫生指标：大肠杆菌群≤30 个/100 克，细菌总数≤750 个/克，致病菌不得检出。食品添加剂品种和使用量应符合 GB 2760—81 标准规定，以下各品种同。

2. 香菇糖渍

（1）选料浸泡　选择无褐变、无霉变、有香味、大小适中的菌柄，在清水中浸泡 4～6 小时，以达到纤维初步软化和去除异味的目的。

（2）压干整形　浸泡后捞出，剪去蒂头，剔除不合格的菌柄，经清水漂洗干净后置于压干机上，压至含水量为 65％左右。将大小不一的菌柄切成长 2 厘米、厚 0.5～1 厘米的条状，使外形美观，同时便于煮制和烘干。

（3）加糖煮制　先配制 50％的糖液，再倒入整形后的菇条，在锅中烧煮，并不断搅拌。糖液与菇条比例为 1∶1，每 10 分钟加 3％的糖，糖液浓度煮至 68 波美度左右时即可出锅。整个煮制时间约 1 小时，前期温度可高些，后期要以文火烧煮。在煮制过程中，要注意控制糖的浓度和温度，特别是终点时糖的浓度要求不

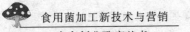

食用菌加工新技术与营销

农家创业致富丛书

低于 65 波美度,以保证成品不软化,较有咬劲,但也应不超 70 波美度,以防焦糖化;煮制过程温度不宜太高,以防加剧产品的褐变。

(4)烘干包装 煮制结束后,捞起沥干糖液,于烘盘中在 60℃～70℃下烘 1.5～2 小时,烘至表面干燥、手捏无糖液挤出、食用无纤维感为宜。烘干程度直接影响产品的口感,烘干后及时包装,密封保存,谨防受潮。

(5)产品标准 小大基本一致,食之可口,无纤维感,手捏菇柄无糖液挤出。呈酱褐色,饱满光滑,组织细腻,软而不烂,具香菇特有的香味和风味,无异味,无杂质。应符合国家食品卫生标准,不允许有致病微生物存在。

3. 金针菇糖渍

(1)选料漂洗 选用无病虫、无杂质、菌柄基部切削干净的新鲜未开伞菇为原料,也可将加工罐头的等外金针菇用于加工蜜饯,漂洗护色参照蘑菇蜜饯制作法。

(2)热烫保脆 将漂洗、护色过的金针菇切成 5 厘米左右小段,在 90℃～100℃的热烫液中(热烫液中加入 0.03％焦亚硫酸钠,起护色作用)烫煮 1～3 分钟,煮熟后及时捞出冷却。煮熟后体质烂软而失去弹性,因此热烫冷却后要浸入 0.5％氯化钙溶液中,经 3～5 小时硬化处理,使之具有一定的硬性和弹性,一般菇水比为 1∶1.5,硬化后,捞出漂洗干净,沥去水分备用。

(3)冷浸糖液 沥干水分后的菌体浸泡于 40％的冷糖液中 3～5 小时,使糖分初步进入菌体内。配制 65％的糖煮液,煮沸,将冷糖液浸渍过的金针菇倒入,大火煮沸后改用文火熬煮 1～2 小时,当糖液浓度熬至 70％左右,菌体外观呈金黄透亮时即可起锅。

(4)胶膜处理 将半成品浸入 1％～5％海藻多糖胶液中,或在半成品表面均匀喷涂一层胶液,然后进行钙化处理成形,即可将金针菇包裹在一层薄薄的透明胶膜内,成形后放在清水中回漂脱涩。

(5)整理包装 包膜后的菌体,放入烘房或烘箱内略微干燥,待表面"收许"后,即可装入硬塑食品盒或塑料袋中,密封保存。

(6)产品标准 形态完整、透明、组织脆嫩、饱含糖汁,甜酸适合,具有金针菇的芳香味道。卫生指标要求不得检出致病菌,应符合国家食品卫生标准。

4.银耳糖渍

(1)蜜渍果味银耳

①选料洗净。将银耳置清水中浸泡 1 小时,鲜耳则可直接处理。用小刀剔除基部黄斑及培养基等杂物,避免菌体破碎,然后用清水洗净,注意不可接触铜、铁等器具。将修整好的银耳浸入 0.5%的亚硫酸钠和 0.18%的氯化钙溶液中 20 分钟,进行硬化处理。捞出沥干,再用清水洗净备用。

②糖液渍制。配制 50%的浓糖液于缸中,倒入银耳浸渍 24 小时,其间翻动几次,糖液量以淹没为度,然后捞出,将糖液入锅加热浓缩至 55%,用柠檬调节糖液的 pH 值至 3.0,一起入缸再浸渍 24 小时,其间翻动 2~3 次。

③文火煮制。再将糖液浓缩调至 60%左右,倒入银耳文火煮制,至糖浓度达 65%~68%时即可起锅,调上适量的橘子油,香味以淡雅为宜,也可在调节糖液 pH 值时加入适量的水蜜桃或橘子汁等。

④成品包装。将银耳连同糖液一起装入消过毒的玻璃瓶或其他容器密封,即成为果味蜜渍银耳。同时也可将银耳捞起置于烘盘上,在 50℃~53℃的温度下烘烤 8 小时左右,装入聚乙烯盒中,外套聚乙烯薄膜袋密封包装。制品含水量为 20%左右,口感脆嫩,有一定的弹性。

(2)银耳雪花片

①原料处理。将修整的银耳置于含 0.3%氯化钙和 0.6%亚硫酸钠的水中浸泡 6 小时,然后清水漂洗 15 分钟,沥干备用。

②糖液浸渍。配制浓度为 50%的糖液,其量以淹没银耳为

度,浸渍 18 小时捞出,再加热使白糖液浓缩至 60%。浓缩时可采用边加热边添糖的方法,以加快浓缩速度。

③再次糖渍。将银耳和浓缩后的糖液,再次回缸浸渍 24 小时,其间要翻动数次,使糖渗均匀。

④加热浓缩。滤出糖液入锅加热浓缩,糖液煮沸 10 分钟左右倒入银耳一起煮制,用文火煮并逐渐添加白糖。

⑤冷却上衣。当糖浓度达到 75%～78% 时起锅,去糖液摊开冷却,撒上适量白糖粉拌匀,抖去多余糖粉,以免结团。再在 55℃条件下烘 3～5 小时,整形、冷却、剔除碎散块,用聚乙烯薄膜袋封装,即为成品。

(3)冰花银耳

①选料漂洗。选择无病虫、色泽鲜白的新鲜银耳,剪去耳蒂备用。也可选用干银耳,但必须为当年生产的无病虫、无霉斑、色泽浅黄或乳白色的银耳。鲜银耳可直接放在清水中漂洗。干银耳应先用清水浸泡 3～4 小时,待充分发泡后修剪耳蒂,经漂洗除去杂质后捞出,切成大小一致的耳片备用。

②硬化处理。将上述经处理过的银耳,浸泡在饱和石灰水中或 0.5% 氯化钙中硬化处理半小时左右,然后捞出用清水冲洗,除去硬化剂的残留物,沥干备用。

③加糖煮制。将硬化处理后的银耳放入 50% 蔗糖、1% 柠檬酸混合液中,大火煮沸,再以文火熬煮 1 小时左右,然后调节糖浓度至 60%(以折光计校正)。继续熬煮并不断搅动,当糖液浓度浓缩至 70% 左右时停火,并捞出银耳沥干糖汁。

④上糖衣。沥去糖汁的银耳可烘烤成蜜饯,也可上糖粉制成冰花银耳。其制作方法是将糖煮银耳沥去糖汁,趁热均匀拌入经 80～100 目筛过的蔗糖粉,使糖渍银耳表面粘附一层蔗糖粉,形似冰花,故名冰花银耳。用塑料袋密封保存。

(4)产品标准 上述 3 种糖渍银耳的产品标准如下:

①感官指标:成品朵形大小均匀一致,形态完整、饱满、白色或淡黄色,不粘手、不返砂,嫩脆化渣,清香纯甜,略有银耳风味。

②理化指标:总糖含量为 70%～72%,含水分为 13%～17%,pH 值为 3.8～4.5。

③卫生指标:不得检出致病菌,应符合食品商业卫生标准。

5.秀珍菇糖渍

(1)选料修整　新鲜秀珍菇 80 千克,白糖 45 千克,柠檬酸 0.15 千克。选八九成熟、色泽正常、菌体完整、无机械损伤、朵形基本一致、无病虫害、无异味的合格菇为原料。用不锈钢小刀将菇脚逐朵修削平整,菌柄长不超过 1.5 厘米,规格基本一致。

(2)浸灰清漂　将鲜菇放入 5% 石灰水中,每 50 千克菌体用 70 升石灰水。灰漂时间一般为 12 小时,要把菌体压入石灰水中,以防上浮。将菌体置于开水锅中,待水再次沸腾、菌体翻转后,即可捞起回漂 6 小时,其间换水 1 次,使其无残留。

(3)糖浆渍制　以每锅加水 35 升煮沸后,将 65 千克蔗糖缓缓加入,边加边搅拌,再加入 0.1% 柠檬酸,直到加完拌匀,烧开 2 次即可停火。煮沸中可用蛋清或豆浆水去杂提纯,用 4 层纱布过滤,即得浓度 38 波美度的精制糖浆。若以折光计校正糖液浓度,约为 55%,pH 值为 3.8～4.5。把晾干水分的菌体倒入腌缸中,加入冷制糖浆,浸没菌体,渍制 24 小时后,捞起另放。糖浆倒入锅中熬至 104℃时,再次渍糖 24 小时,糖浆量以菇在缸中能搅动为宜。

(4)入缸封盖　将糖浆与菌体一并入锅,用中火将糖液煮至温度达到 109℃时,舀入腌缸中 48 小时。由于是半成品,其储藏时间可长达一年。如急需食用或出售,至少需糖渍 24 小时。

(5)产品质量标准

①感观指标:成品呈灰白色,光亮半透明状,具秀珍菇特有的芳香,酸甜可口,柔软略富有弹性,不粘牙、不发皱、块形完整、表

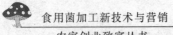
面光滑、无异味、无外来杂质。菇形自然,大小基本一致,色泽浸白色,组织滋润化渣,口味清香纯甜。

②理化指标:含水量为 12%～15%,还原糖为 20%～25%,pH 值为 4.0～4.8。

③卫生指标:不得检出致病菌,应符合国家食品卫生标准。

6. 凤尾菇糖渍

(1)制坯　用不锈钢小刀将菇脚修削成尖形,状如凤头嘴角,以提高产品的外观品质。

(2)套色　产品套色与否,应根据消费者的喜好,若不套色,该工序就可省去。若需套色,可分"冷套"和"热套"两种方法。"冷套"是在回漂后套色;"热套"是回漂后将菇料用热水适当加温,再滤起套色,一般热套效果较好,套色用的色素应符合国家规定的标准。套色时要搅拌色水,使菇料吃透,边煮沸、边搅拌,当菇料放入冷水中浸泡不褪色时,即可捞出沥干。注意火力不能过大、过猛,煮的时间不能过长,食用色素以天然黄色素为好,尽可能不用人工合成的色素。

(3)产品标准

①感观指标:菇朵大小均匀,体形完整,色泽浸白色至浅赭色,或淡黄色,组织滋润化渣,饱糖饱水,口味清香纯甜,略有凤尾菇风味。

②理化指标:含水量为 13%～16%,还原糖为 25%左右,pH 值为 4.0～4.8。

③卫生指标:不得检出致病菌,应符合国家食品卫生标准规定。

7. 菇柄糖渍

(1)原料选择　选取干净无杂质的干香菇柄或鲜香菇柄,去掉发霉变质、虫蛀的部分。

(2)软化盐渍　将干菇柄用清水浸泡 8 小时左右(鲜菇柄不

必浸泡),捞起冲洗干净、沥干。将已整理、沥干的菇柄,按一层菇柄、一层盐的方法放入缸内,盐渍 12～24 小时,取出用水冲去表面的盐粒。

(3)煮沸糖渍　制作分次加糖煮沸,一般煮糖 4 次。将菇柄放在糖液中浸泡 24 小时,使菇柄吃糖均匀。

(4)烘干包装　将菇柄捞出沥干,送入烘干机内烘干即得成品,按预定规格包装。

(5)产品标准

①感官指标:色泽黄褐色,外观光亮,条形较整齐,饱满、不粘手、不返砂、具菇香、口感好、有弹性、嫩脆化渣、无异味、无外来杂质。

②理化指标:含水量＜20％,糖分为 40％～50％。

③卫生指标:不得检出致病菌,应符合国家食品卫生标准。

第三节　食用菌的酱渍加工

一、香菇黄豆酱的制作

工艺流程：
$$\left. \begin{matrix} 大豆处理 \to 装瓶灭菌 \to 接香菇菌 \to 发菌 \\ 大豆处理 \to 装瓶灭菌 \to 接米曲霉 \to 制曲 \end{matrix} \right\} \to 混合发酵 \to 成品$$

(1)主要原料　原料有香菇母种、米曲霉(沪酿酒 3.042)菌种、优质大豆(经粒选)、食用精盐、麸皮、标准面粉、饮用水。

(2)培养菌丝　大豆浸泡至无皱纹,用清水洗净,装入三角瓶中,装量为瓶高的 1/4 左右,高压灭菌 30 分钟,冷却至室温。无菌操作接入豆粒大小的香菇斜面菌种一块,置于 25℃恒温箱内培养,待菌丝长满瓶后取出备用。菌丝应洁白、健壮,有纯正的菌丝香味,不能有异味。

(3)豆曲制作　大豆浸泡约 8 小时,待豆粒胀发无皱纹时,洗净沥水后入锅煮,煮豆时水要浸没豆,沸腾后维持 30 分钟。种曲制备用麸皮 80 克、面粉 20 克、水 80 毫升,混匀后筛去粗粒,装入 300 毫升三角瓶中,加棉塞,高压灭菌 30 分钟,趁热把料摇松,无菌操作接入米曲霉,摇匀,于 30℃温箱里培养 3 天,待长满黄绿色孢子即可使用。将煮好的大豆取出,当温度降至 40℃左右时,拌入烘熟的标准面粉,振荡曲盒,使每粒大豆都粘上面粉,然后拌入三角瓶种曲,接种量 0.3%,在料面上覆双层湿纱布,置温室内 33℃下恒温培养。3 天后长出黄绿色孢子,至第 11 天菌丝长满豆,制成的豆曲具有浓郁的酱香。

(4)混合发酵 将香菇菌丝体和豆曲以 1∶(3~5)的比例混合均匀,装入保温发酵缸,稍加压实。待豆曲升温到 42℃左右时,加入 14.5 波美度的盐水,盐水温度 60℃左右,盐水与曲用量比为 0.9∶1。让盐水向下渗透于曲内,最后覆一层细盐,曲内温度保持在 43℃左右,经 10 天发酵酱醅成熟。

(5)成品包装 发酵完毕,补加 24 波美度盐水和食盐适量,充分搅拌,使盐全部溶化、混匀,在室温下再发酵 4~5 天,即为成品。香菇豆酱可按需要装瓶或袋,外装纸箱,密封保存或直接上市。

(6)产品标准

①感观指标:红褐色有光泽,中间夹杂有部分白色。具鲜味、咸淡适口、有豆酱独特的滋味,又有香菇菌丝的清香,无苦味、无焦煳味、无酸味及其他异味。黏稠适度、无霉花、无杂质。

②理化指标:含水量 60% 以下,氯化物 12% 以上,氨基酸氮 0.06% 以上,总酸(以乳酸计)2% 以下,总糖(以葡萄糖计)3% 以上。

③卫生指标:铵盐(以氨计),不得超过氨基酸氮含量的 27%,大肠杆菌菌群最近似值 <30 个/100 克,不得检出致病菌,砷(As)<0.5 毫克/千克,铅(Pb)<1 毫克/千克。

二、蘑菇甜面酱的制作

工艺流程:精选原材料 → 蒸制面糕 → 制面糕曲 → 酿制酱醅 → 磨碎过筛

蘑菇清洗去杂质 → 煮菇滤汁(渣再煮滤合并两次滤汁) → 调配

→ 装瓶 → 加盖密封 → 成品质检 → 装箱封口 → 入库

(1)原料配方 蘑菇(等外鲜菇也可用,但必须无杂质、去根、无病虫)30千克、面粉100千克、食盐3.5千克、五香粉200克、糖精100克、柠檬酸300克、清水30千克。

(2)蒸制面糕 将100千克面粉加30千克水,边加水边拌面,拌匀和透后,做成细长形条,再切成蚕豆大小的颗粒,然后置蒸笼里放入锅中蒸熟。达到面糕呈玉色、不粘牙、有甜味时,起锅自然冷却。

(3)制面糕曲 待蒸制好的面糕冷却至25℃左右时,接入米曲霉种,最好是采用曲精(从种曲中分离出的孢子),其优点是食用时口感细腻无渣。接种后及时放入曲池或曲盘中,于38℃~42℃下培养。培养时要求米曲霉分泌糖化型淀粉酶活力强,菌丝生长旺盛,这样制曲时间可以相应缩短,培养成熟后即为面糕曲。

(4)煮菇滤汁 将清洗去杂后的蘑菇,捞出沥水后置于不锈钢锅中煮沸30分钟,用3层纱布过滤取汁。滤渣复煮后再经3层纱布过滤取汁,合并两次滤汁,同时加入定量食盐,冷却沉淀后取其上清液。

(5)酿制酱醅 将面糕曲置于消毒过的发酵缸里用木棒将其压平,让它自然升温,并从面层缓缓注入1波美度的菇汁热盐水(用量为面糕的100%),并将面层压实,加入酱胶保温,缸口加盖进行发酵。发酵时缸温应维持在53℃~55℃,达不到温度要求则应加温。两天后搅拌一次,以后每天搅拌一次,4~5天后可糖化,8~10天后为成熟的酱醅。

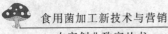
(6)磨碎调配　将酱醅用钢磨或螺旋机磨碎过筛,通过蒸汽加热至 65℃～70℃,加入事先用 300 毫升纯水溶解的五香粉和糖精,最后加入 0.05％柠檬酸拌匀,按不同规格的重量装瓶、加盖密封。检验合格后贴商标,装箱封口入库。

(7)产品质量标准

①感观指标:呈黄褐色或红褐色,有光泽,具有蘑菇香菇,味甜而鲜,咸淡适口,无霉花和杂质。

②理化指标:氨基酸氮 0.3％以上,氯化物 7％以下,水分50％以下,还原糖 20％以下,总酸(以乳酸计)2％以下。

③卫生指标:不得检出致病菌,应符合国家食品卫生标准。

三、香菇肉酱的制作

(1)原料配方　猪肉(腿肉、夹花肉、肥膘之比为 9：2：1)100千克,豆瓣酱 70 千克、青葱 20 千克、香菇(干)3 千克、番茄酱(12％)10 千克、猪油 15 千克、辣椒粉 0.5 千克、蒜头 2 千克、味精0.28 千克、砂糖 30 千克、辣油 10 千克、酱油 2.5 千克、精盐 20千克。

(2)加工处理　猪肉应选择去皮去骨的猪肉,用温水洗净,切成 0.5～1 厘米大小的肉丁。切块时应注意肥瘦搭配,尽量避免有全肥的肉丁。肉丁允许带有不超过小块 1/3 的肥膘。干香菇先用清水浸软泡发,充分洗涤干净,不允许混有泥沙杂物,然后把泡发好的香菇切成 0.5 厘米大小的菇丁。青葱剥去绿叶,清洗沥干后打碎,在 104℃油温中炸 3～5 分钟,炸至浅黄色捞出沥干,脱水率为50％～55％。蒜头剥去外膜清洗沥干,打碎后在 104℃油温中炸(炸时为 120℃)1.5～2 分钟。脱水率为 40％～45％,豆酱去杂质搅匀后绞细,酱油用纱布过滤,砂糖溶于番茄酱中用纱布过滤。

(3)入锅煮制　猪肉、香菇及番茄酱,在夹层锅中边搅拌边加热约 3 分钟,煮至肉块熟透,再加入豆瓣酱、青葱、蒜头、味精和酱油(先混匀再加入)搅拌后,再加入辣椒粉、辣油及猪油等,继续加热约 7 分钟,酱温达 80℃时出锅。

(4)包装灭菌 上述加工后,即可散装销售,但储存期较短。如果要长期储存,可制成香菇肉酱罐头。上述加工后,分装于罐头瓶内,经排气、封罐,高压灭菌 20～30 分钟(121℃),冷却后即成。

(5)产品标准

①感观指标:酱色褐黄或红褐色,有光泽,有菇香,味甜美,咸淡适口,黏度适中,无霉花、无杂质。

②理化指标:含水量 50％以下,氯化物 10％以下,总酸 2％以下,总糖 3％以下。

③卫生指标:不得检出致病微生物,应符合国家食品卫生标准。

四、食用菌麻辣酱的制作

(1)原料处理 如果原料是盐渍菇,置于清水中浸 48 小时后,用自来水冲洗 3 次,再置清水中浸 12 小时,再冲洗 3 次备用。如果原料是鲜菇,则要进行杀青,在不锈钢锅的沸水中杀青烫软。

(2)绞碎研磨 将杀青的鲜菇或脱盐菇与水发干香菇或鲜香菇,按 3∶2 的比例(重量比),置绞肉机内绞碎备用。初步绞碎的菇,按 2∶3 的比例(体积比)加水(可利用水发香菇的水或杀青水)进胶体磨研磨,反复研磨 4 次。

(3)调配辅料 在胶体磨研磨过程中加辅料,按每千克菇加食盐 8 克、味精 2 毫克、白醋 24 毫升、黄酒 20 毫升、食糖 80 克、麻辣酱 60 克、辣椒色素 7 克、高粱色素 4 克。

(4)加增稠剂 用琼脂作增稠剂,溶化后按 0.2％比例,置于 60℃下加入调配好的菇酱中,边加边搅拌均匀,即成菌类麻辣酱。

(5)分装灭菌 将配好的菌类麻辣酱,分装 200 克或 250 克精制小玻璃瓶内,瓶口加一层厚 0.02 毫米的聚丙烯膜,铁盖封口,置蒸汽灭菌锅中,在 147 千帕压力下灭菌 45 分钟。冷却后置于洁净的库房里,于 35℃条件下培养 5 天,抽样质检,合格贴标,装箱。

(6)产品标准

①感观指标:酱红色、麻辣爽口,半固体,为酸性食品。

②理化指标:含水量 65%～70%,干物质 30%～35%,含盐量为 0.8%,粗蛋白为 2.8%～3.8%,脂肪为 2.0%～2.2%,碳水化合物为 45%～48%,pH 值为 4.0～4.5。

③卫生指标:不得检出致病菌,应符合国家食品卫生商业标准,保质期为 6～8 个月。

五、白灵菇面酱的制作

(1)原料配方 白灵菇加工罐头的下脚料(次菇、碎菇、菇柄、菇屑)30 千克、面粉 100 千克、食盐 3.5 千克、五香粉 0.2 千克、糖精 0.1 千克、柠檬酸 0.3 千克、水 30 千克。

(2)曲酱工艺流程

①制曲工艺流程:

面粉水}→拌和→蒸熟→冷却→接种→通风培养→面糕曲

②制酱工艺流程:

菇　料
食　盐}→菇汁→澄清→加热

面糕曲→发酵缸→自然发酵→加盐水→酱胶保温→成熟酱醅

(3)具体操作方法

①和料蒸熟。将上述所需原料备齐后,用面粉 100 千克加水 30 千克,均匀拌和,使其成为细长条形或蚕豆大颗粒,然后放入蒸笼内蒸熟,其蒸熟标准为玉色,不粘牙、有甜味,待料自然冷却至 25℃时接种。

②接种培养。最好采用曲精（从种曲中分离出的孢子），食用时才感细腻无渣，接种后即刻置于曲池或曲盘中培养，培养温度为 38℃～42℃。培养时要求米曲霉分泌糖化型淀粉酶活力强，且菌丝生长旺盛，而曲精孢子不宜过多（曲种发酵时间较长），制曲时间可以相应缩短。培养成熟后即为面糕曲。

③煮菇取汁。将蘑菇下脚料切碎，加水煮 30 分钟，用三层纱布过滤两次，取其滤汁，同时加入定量的食盐，让其冷却沉淀后再次过滤备用。

④入缸发酵。把面糕曲送入发酵缸内，用棒将其耙平后自然升温，并从面层缓慢注入 14 波美度的菇汁热盐水，用量为面糕的100％。同时将面层压实，加入酱胶保温，把缸口加盖进行保温发酵。发酵时产品温度维持 53℃～55℃（若温度不高，应加温）。并在两天后搅拌一次，以后一天搅拌一次，4～5 天后已糖化，8～10天即为成熟酱醅。

⑤加热调味。将成熟的酱醅用石磨或螺旋机磨细过筛，同时通入蒸汽加热至 65℃～70℃，加入事先用 300 毫升水溶解的五香粉、糖精、柠檬酸，最后加入苯甲酸钠，搅拌均匀后即为味道鲜美的蘑菇面酱。

(4)产品标准

①感观指标：成品呈黄褐色或红褐色，有光泽。具有菇味，味甜而鲜，咸淡适口，并无霉花和杂质。

②理化指标：水分 50％以下，氯化物 7％，氨基酸氮 0.3％以上，还原糖 20％以下，总酸（乳酸）2％以下。

③卫生指标：不得检出致病菌，应符合国家食品卫生标准。

六、平菇的酱渍

(1)配制酱汁　以酱渍 100 千克平菇为例，其酱汁配方为豆酱 60 千克、柠檬配 20 克、食醋 4 千克、蔗糖 20 千克、味精 500 克、

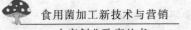
辣椒粉 400 克、山梨酸钾 300 克,将上述调料充分混合均匀备用。

(2)选料 采收未散发孢子的幼嫩平菇,整齐切去菌柄,可留菌柄 1 厘米左右,剔除烂菇,除去杂质,洗净备用。

(3)预煮 将选好的原料鲜菇放入竹筐中,于 80℃的热水中煮 10～12 分钟。如用干品菇,必须先泡发后再煮 10 分钟,预煮结束后,将竹筐连同菌体取出,冷却沥干水分备用。

(4)腌制 将以上预煮菇,按 100 千克菇加精盐 10～15 千克进行腌制,腌制一周后,沥去盐水,再放入清水中浸泡一天,捞出晾干。

(5)酱渍 将腌制沥干菇装入酱缸,加入已配制好的酱汁,每天应翻动一次,使之混合均匀。7 天后酱渍结束,即可外运或储藏。

第四节　食用菌的醋、酒、糟渍加工

一、食用菌的醋渍

醋酸浓度在 1.7％～2％时,pH 值为 2.3～2.5,能强烈地抑制多种腐败菌的发育,浓度在 5％～6％时,能杀死细菌的芽孢,而且醋酸发酵常利用乳酸菌。在发酵过程中,也伴有酒精发酵,酒精与有机酸形成醋类,不但可以防腐,又有醋香,使食用菌加工产品美味可口。

1. 金针菇的醋渍

(1)原料清理 将等外菇清理、除杂,并剔除已压烂的菌盖等物,然后,切成 3 厘米左右长盛于箩内,以清水冲洗。

(2)硬化处理 整理清洗后的金针菇,放入配有硬化剂的水中硬化,增加脆性,硬化处理后的金针菇,再经清水漂洗。

(3)预煮杀青 将漂洗的金针菇,在沸水中杀青 1～2 分钟,应掌握熟而不烂,确保金针菇的脆性。

(4)冷却装储 杀青后迅速冷却,然后将冷却的金针菇装入瓶内,同时加入添加剂和米醋,加盖封口。

2.牛肝菌的醋渍

(1)原料清理 将牛肝菌放入洗菇桶或底部带有一层筛网的木桶中,用清水洗去泥沙及枯叶。洗后于桶底开口处排出污水,再放入清水,再洗,洗菇时间不少于 30 分钟,最好在流动的河水中漂洗。

(2)入锅煮熟 将 50 千克的牛肝菌放入可容纳 60 千克的铝锅或不锈钢锅里,煮前先在锅底撒 2.5 千克食盐,加 5～6 千克晾冷的开水,并加入 300 克醋精(其他食用菌加 100 克醋精)。用旺火烧开,当菌体下沉,用木棒轻轻搅拌,使水不溢出,并打去泡沫,以保持辛香醋汁的纯净。煮的时间一般为 5～8 分钟,直到牛肝菌沉到锅底,上面汁液呈清澈、无泡沫时为止。

(3)加入香料 在结束预煮后加香料,每 50 千克牛肝菌加月桂叶 10 克、胡椒粒 5 克、桂皮 5 克、丁香 5 克、柠檬酸 5 克。

(4)装桶冷却 将煮好的牛肝菌放入木桶中冷却,桶上面蒙上纱布、干净的麻布或白细布,充分冷却后,倒出多余的汁液,装满桶后加盖即成。

二、食用菌的酒渍

(1)蘑菇的酒渍 蘑菇 1 千克洗净,加入食盐 50 克,腌 2 小时左右,捞出沥干,再加入白糖 100 克、白酒 25 克和少量的冷水,放入容器里密封,置于阴凉处,约 10 天左右即可食用。产品具酒香,味道甘甜。

也可以采用酒糟渍制蘑菇。蘑菇 5 千克洗净,加 250 克盐,腌 4 小时后出卤,放入容器,另用白酒 25 克、白糖 500 克,加适量冷开水调成溶液,倒入容器,3～4 天后即可食用。上述两种方法,宜用较厚的食用菌类,除蘑菇外,还可用于香菇、平菇、红菇、牛肝菌、松乳菇等。

特别提醒广大读者,酒渍加工不适于竹荪、鸡腿蘑等鬼伞属的食用菌,因与酒同食可引起中毒。

(2)平菇的酒渍 选择未散发孢子的平菇,削去菌柄,去除杂质,洗净。对个体较大菌类,应切成适当大小的菇块备用。将以上菌体在沸水中预煮8～10分钟,以增加其韧性。但要掌握好预煮时间,即要煮熟勿煮烂,捞出沥干水分。按10千克鲜菇加500克食盐,腌制2小时后,榨去盐水。把菌体放入缸内密封容器中,同时加入白糖100克、白酒25克,并用少量冷开水溶解后倒入菌体中。置于阴凉处腌制,一个星期后即可成熟。酒渍加工法还适于蘑菇、金针菇等菌类。

三、食用菌的糟渍

糟即米酒酿造的酒渣,色泽红艳,含有酒香,是腌渍食用菌的好调料。福建省古田县闽联食品有限公司总经理周诗连,经过反复试验研制成功一种食用菌糟制美味即食品,获发明专利,2007年4月20日经福建省科技厅组织专家鉴定认为,该发明在同类研究中达到国内领先,现该产品已投入市场,成为都市酒楼宴席的小碟佳肴和民家餐桌的时尚腌菜一味,受到国内外欢迎,被中国轻工产品质量保障中心评为"质量信得过好产品"。

食用菌糟渍的生产工艺流程:

原料筛选→修剪清洗→热烫杀青→排湿脱水→糟料渍制→漂洗调味→成品包装。

(1)原料筛选 糟制食用菌选料严格,要求菌盖开伞度七八成,肉质坚韧;菌柄顺直整齐,粗细等同;色泽淡黄色,含水量不超过90%;无霉烂变质,蒂头不带杂质,无病虫害、无污染的优质食用菌。

(2)修剪清洗　将筛选合格的鲜品,剪掉蒂头黑色带培养基的部分,对个体较大的杏鲍菇、白灵菇等切成薄片。然后置于流动的清水池中,加入 0.6％盐水浸泡,洗去粘附在菌体上的泥屑杂质,再用 0.1％柠檬酸溶液(pH 值为 4.5)漂洗,以抑制菌体内的多酚氧化酶的活性,防止菌色变深或变黑。

(3)热烫杀青　采用不锈钢锅或铝锅,按每 100 千克鲜菇量,加入清水 120 升,食盐 5 千克下锅烧开。将菌体投入锅内热烫,水温为 85℃～90℃,处理 3～5 分钟。当菌体下沉,上面汁液清澈、无泡沫时即可起锅。如果采用蒸汽杀青,在 96℃～98℃的温度下处理 2～3 分钟即可。杀青的目的是破坏菌体内的多酚氧化酶活力,同时排出菌体组织的空气,使组织收缩、软化,减少加工制作时的脆断。

(4)排湿脱水　杀青后菌体内含水量达 80％以上,如果不排湿脱水即行糟制,就会影响风味,且还会发生酸败。排湿脱水采用甩干机控干,将杀青后的菌料,先置于通风处散热 30～40 分钟,然后装入尼龙网或纱布袋内,置于甩干机内沥去菌体水分,至含水量 20％为宜。

(5)糟料渍制　糟料选用大米酿造红酒榨下的糟粕,又称为酒糟。按 1：1 加入食盐,混合搅拌均匀即成菌料。将排湿控干后的菌料按每 100 千克加入糟料 20 千克,采取两次腌渍,每一次先将菌体与糟料量的 40％进行搅拌,揉搓均匀,使每条菌柄或每个菌片都粘上糟料,静置 2～3 天后进行清洗。再将 60％的糟料和食用菌进行第二次拌匀,装入缸或桶内腌制,时间为 15 天以上,让糟料渗透入菌体内,使之着味。

(6)漂洗调味　将腌制后的糟制品提出,沥去腌渍过程的汁液。然后按照不同地区消费者的习惯口味要求,再加入精盐、味精、辣椒粉、熟食用油、蒜头汁、生姜粉等调味品,反复拌匀,吸料 30 分钟后可包装。

(7)成品包装 采用聚乙烯(PE)或聚偏二氯乙烯(PVPC)包装袋,每袋装量分别为 50 克、100 克、150 克、200 克小包装,真空封口。装袋封口后,经高压灭菌处理,再置于流动清水中速冷,取出用纱布擦净袋面,经入库保温,检验合格后即可装箱入库或上市。

(8)质量标准 菌体色泽粉红、味道醇香、无异味、质地柔软嫩脆、富有弹性、无杂质、风味独特、口感宜人、开包即食。产品质量应符合国家食品卫生规定指标。(有关食用菌糟制加工技术咨询专家魏茂玲,电话:13459332433)

第五章 食用菌罐头加工技术

第一节 食用菌罐头加工原理和生产工艺

食用菌罐头分为清水罐头和快餐罐头两类。清水罐头主要作为餐厅、饭店的烹调原料使用,食品快餐罐头多作为超市商品销售。

一、罐头加工的原理

罐藏食品能较长时间保存的道理,主要是罐藏容器密封性好,隔绝了外界的空气和各种微生物。密闭在容器里的菌品经过高温杀菌处理,破坏了菌体内的一切酶生成系统,使菌体内的一切生化反应不能进行,从而也防止了菌体变质。高温灭菌处理使罐内微生物的营养体被完全杀死,幸存下来的极少数微生物孢子,如果是好气性的,由于罐内形成一定的真空缺氧条件而无法活动。但若是厌气性的,罐藏品仍有变质的可能。一般来说,罐藏品有一定的保存期限,一般是两年。

二、罐头加工的生产工艺

1.罐头生产工艺流程

原料验收→护色装运→漂洗→预煮(漂烫)→冷却→修整分级→装罐注液→排气封罐→杀菌→冷却→检验→储存。

2.罐头加工方法

(1)原料验收 鲜菇的罐头加工,必须按规格进行认真验收,

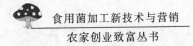
要求菌盖完整良好、菇色正常、无机械损伤、无病斑和无虫蛀的鲜菇。

(2)护色装运 将验收合格的原料切除粘有泥土或培养料的菌柄,立即投入 0.03%焦亚硫酸钠溶液中,洗去泥沙和杂质,捞起后再放入 0.06%焦亚硫酸钠溶液的蘑菇专用桶中浸泡护色。目前国内已有其他的新型护色剂,如用适量维生素 C 或维生素 E 进行护色,既达到护色效果,又能使加工罐头色淡味美、无副作用。护色后的鲜品,用洁净白布或竹帘覆盖,不使鲜品露出液面,加盖运达罐头加工厂。原料菌运回厂后立即从护色液中捞出,用流水漂洗 45～60 分钟,除尽残留的护色液,即所谓漂洗脱硫(国家规定二氧化硫残留不得超过 0.002%)。

(3)漂洗、预煮冷却 漂烫的目的是排除子实体中的氧气,破坏酶的活性及抑制由酶引起的生化反应(如酶促褐变);软化组织,保持菌体鲜嫩,增加弹性,减少脆性,便于装罐;同时,漂烫兼有进一步清洗脱硫的作用。用夹层锅漂烫,先将水加热至80℃左右,再加入 0.1%的柠檬酸加热至沸,按 15 份漂烫液加 10 份鲜品的比例投入原料,沸水漂烫时间为 8～10 分钟,以熟透为准,熟透后捞出用清水迅速冷却。夹层锅内的漂烫液只能连续使用 3 次,使用连续漂烫机时,柠檬酸浓度为 0.07%～0.1%,漂烫时间为 5～8 分钟,以菇心熟透为准。

(4)修整分级 冷透菇心后按要求进行挑选分级和切分修整。修整时将不合格的整菇,包括开伞、脱柄、脱盖、盖形不完整及有少量斑点的食用菌切成菌片。

(5)装罐注液 经冷却分级后,应立即装罐。装入量依不同罐形而异,装至距玻璃罐口 13 毫米,距马口铁罐口 6 毫米。食用菌罐头固形物含量一般为 58%～64%,装罐可用手工分装,也可用机械装罐,固形物填满罐后,要随即注入相应的汤液,汤液能排除罐内空气,使菌体始终处于浸泡液中,避免氧化变质,且能保护菌色。

注液配方为过滤水 100 千克、精盐 25 千克、柠檬酸 50 克。煮沸后于出锅前加入柠檬酸,以多层纱布过滤后使用。注液应注满罐,入罐温度为 85℃ 左右,罐中心温度不低于 50℃,以保证罐内形成真空。

(6)排气封罐　原料装罐注液后,在封罐前应排气。一种是装罐注液后不封盖,采取加热排气后封盖;另一种是在真空室内抽气后再封盖。加热排气是在排气箱里进行,通过加温罐中心温度应达到 85℃ 左右,排气 10~15 分钟,方可封紧罐盖。如采用真空封口机封罐,在注入 85℃ 盐水后,立即送入封罐机内封罐,封罐机应在真空度维持 66.7 千帕条件下操作。罐内真空度根据品种为 40.06~53.33 千帕。罐头真空度是罐头内外的大气压力差,从安全生产考虑,小罐型真空度可达较高;而大罐型则保持较低,如真空度过高,会造成罐体变形,罐壁受到过大压力而内陷。

(7)杀菌、冷却　杀菌的目的是将罐头内的致病菌和对菌体有腐败作用的微生物杀死。高压灭菌在 98~147 千帕压力下,维持 20~30 分钟。一般经逐级降温,灭菌结束后,应在 60 分钟内使罐内中心温度冷却至 35℃~38℃。然后用干净抹布擦干罐体水分、油污。

(8)检验、储存　检验的目的是测定罐头杀菌条件是否充分,以及找出罐头败坏的原因。检验的内容包括感观检验、理化检验和微生物检验,入库罐头应逐个检查,并抽样送检。按生产班次抽样,每 3000 罐抽 1 罐,每班每个产品不得少于 3 罐,分别进行感观检验、理化检验和微生物细菌学检验。细菌学检验步骤如下:

杀菌冷却至 50℃→擦罐或利用余热干燥容器表面→35℃~37℃,5~7 天保温培养→逐罐检查。如有"嘭、嘭"声,说明杀菌不足,应查明原因,以便纠正。

罐头在仓库中的储存有散堆与包装两种形式。储存要避免温度过高或过低,更要避免剧烈的温度变动,库内要有适当的通风换气条件。在储存期间应经常检查,拣出坏罐、漏罐,以免污染好罐,从而减少损失。

三、罐头制品败坏现象及原因

1. 罐形变化引起败坏

(1)胀罐 胀罐是由于细菌的存在和活动产生气体,导致罐头制品发生恶臭味和产生毒物。轻微的胀罐,如撞胀或弹胀,以及由于装罐过量、排气不够或杀菌时热膨胀所致的胀罐无害。

(2)氢胀 多发生在酸性食用菌罐头中,如汤液中加了太多的柠檬酸,且用马口铁包装的罐头,常发生氢胀,这类胀罐不危及人体健康安全。

(3)漏罐 由于封盖时缝线形成的缺陷,铁皮腐蚀生锈穿孔,或是由于腐败微生物产生气体而引起过大的内压,损坏缝线的密封,或机械损伤,都可造成漏罐。

(4)变形罐 由于冷却技术掌握不当,消除蒸汽压过快,罐内压力过大造成严重张力,而使底盖不整齐地凸出,冷却后仍保持其凸出状态。

(5)瘪罐 罐内在排气后,真空度增高、过分的外压或反压冷却等操作不当造成瘪罐,对罐内菌体品质无影响。

2. 理化性状败坏

主要表现为菌体变色、变味等。引起菌体变色的原因很多,如储藏时间过长,菌体内含硫物质与铁皮腐蚀屑反应,产生黑色物质,污染菌体。菌体内的单宁也可与铁皮腐蚀屑起反应,产生黑色物质。

预防罐头铁皮腐蚀的方法是要注意充分预煮、排气;留有的顶隙要对氢气有足够的容纳量;罐头尽量储存在低温干燥处,并使用适当的马口铁材料。

3.微生物引起败坏的原因

(1)杀菌不彻底 杀菌不彻底致使某些微生物得以幸存,在一定的条件下,微生物就活动起来,产生气体的就形成胀罐;不产生气体的,罐头外形虽无变化,但罐内菌体腐败发酸。原因是微生物在杀菌过程中没有完全被杀死,有的虽严格执行了杀菌操作,但由于原料过分污染、大量细菌存在,而使杀菌达不到要求。

(2)罐漏 由于封罐机调节不当,形成缝线的缺陷;或因在杀菌时操作不慎,造成缝线的松弛;或因冷却水的过分污染,冷却时罐内吸入污水;或因处理不当,损坏密封缝线等,引起外界微生物侵入罐内,产生败坏。

(3)原料处理欠妥 在原料准备过程中,拖延时间过久,因为微生物的繁殖而导致严重的败坏,杀菌后已形成的败坏则保留在罐中。

第二节 食用菌罐头加工实例

一、蘑菇罐头加工

国内生产的双孢蘑菇罐头,称为蘑菇罐头,分别有整菇、纽扣菇、菇片、碎菇等几个品种。其罐型有一定要求,出口蘑菇罐头用马口铁罐,近年来,由于国内蘑菇罐头市场兴起,也开始出现玻璃罐。蘑菇罐头生产工艺如下:

(1)严格选料 供制作罐头的蘑菇,要经过严格挑选,菌盖直径不能超过4厘米,菌柄长1厘米,要求无褐斑、无虫蛀、无霉变,并要清除表面泥沙杂物。

(2)漂洗护色 蘑菇在习惯上以色白为上品,加工的蘑菇首先要进行漂白处理。通常在0.03%焦亚硫酸钠溶液中漂洗几分

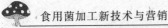
钟后捞出,再浸入0.1％焦亚硫酸钠溶液中护色至菌体洁白。在护色时要上下翻动使之均匀,护色时间不能过长,否则会使蘑菇风味变差。也可用稀盐溶液进行护色,将采摘的蘑菇分级后,浸入浓度为0.6％～0.8％的盐水中运往加工厂。盐水可减少水中氧的含量,抑制酶促褐变,达到护色的目的,但浸泡时间不得超过6小时。

(3)预煮冷却 预煮通常采用夹层锅,小厂也可用不锈钢锅或搪瓷锅,水与蘑菇之比为3∶2。水沸后把蘑菇放入锅内,时间为10～15分钟(夹层锅煮5～8分钟)。因菌体大小、采摘时间或成熟度不同而有差异,一般以煮至熟而不烂为宜。预煮时间不可太长,以免失水太多、组织硬化、失去弹性。有的用5％～7％的盐水进行预煮,可使菌体肉质结实,不变形;也有的用0.2％柠檬酸溶液进行预煮,兼有漂白作用,但应经常调整酸液浓度并定期更换,以防菌色变暗。预煮后熟菇的重量比鲜菇下降了35％～40％,体积为原来的40％,菌盖收缩率为20％左右。预煮后及时放在流水中冷却30～40分钟,至手触没有热感时,捞起沥干水分。

(4)分级修整 装罐前进行分级、修整。采用滚筒式分级机或机械振荡式分级机进行分级。按煮熟后的菌体大小来分级,整菇罐头的分级标准是一级菇在1.5厘米以下;二级菇为1.5～2.5厘米;三级菇为2.6～3.5厘米;四级菇在3.6厘米以上,一般不超过4厘米。要求菌体形态完整,无严重畸形,允许有少量裂口、小修整、轻度薄皮及菌柄轻度起毛。将各级菇倒在台板上,从中挑出不合格的褐斑菇、薄皮菇、畸形菇和碎菇,分别加工成片菇和碎菇。大畸形、大薄片、大空心、轻度机械损伤及修整面积较大且深者,菌盖直径在4.5厘米以下的,可纵切成3.5～5毫米薄片,加工成切片菇罐头。菌盖直径超过4.5厘米的大菇及脱柄、脱

盖、开伞但菌褶未发黑者,均可加工成碎菇罐头。整菇从顶部呈
"十"字形切开,再加工成片状,菌柄横切成 5 毫米厚。在蘑菇罐
头加工过程中出现一些碎菇是不可避免的,一般整菇与碎菇的比
例为 6∶4～7∶3。

(5)装罐注液　装罐时应做到同一罐中大小均匀,不得混级。
装罐的填装高度,玻璃罐比罐口低 13 毫米,马口铁罐比罐口低 6
毫米。不同罐型的蘑菇装罐量见表 5-1。

表 5-1　不同罐型的蘑菇装罐量

罐型	净重/克	规定固形物(%)	整菇装罐量/克	片、碎菇装罐量/克
761	198	58	120～125	115～120
9124	850	53.5	480～490	470～480
15173	2840	63.8～68	1890～1960	1900～2000

装罐后注入盐水,加盐量为菌体重和汤液重的 2.5%。在盐
水中通常要加 0.05%柠檬酸,或在盐水中加入 0.1%～0.2%的
维生素 C,有抗氧化作用,能保护菌色。此外,还可加入 0.1%谷
氨酸钠(味精),以提高鲜味。注入罐内盐水要浸没菌体,不能留
有空隙。盐水入罐温度不得低于 85℃,罐内中心温度不能低于
50℃,以保证罐内形成真空。

(6)排气密封　采用加热排气时,排气 10～15 分钟,罐内中
心温度要求达到 75℃～80℃,方可开始封罐,15173 型罐的中心
温度达到 70℃～75℃即可。如采用真空封罐机封罐,在注入
85℃盐水后,立即送入封罐机内进行封罐,封罐机的真空度要维
持在 66.67 千帕。

(7)杀菌冷却　杀菌通常是将罐头放在高压杀菌器内,在
98～147.1 千帕压力下,维持 20～30 分钟,杀菌的温度和时间依
罐型而定。如采用间歇式高压杀菌,不同罐型的杀菌式见表 5-2。

表 5-2　不同罐型的杀菌式

罐　型	杀菌式
761	$10'-23'-5'/121℃$
6101	$10'-23'-5'/121℃$
7114	$10'-23'-5'/121℃$
9124	$10'-27'-5'/121℃$
15173	$15'-35'-10'/121℃$

注:分子表示升温、恒温、降温所需的时间分钟。

杀菌结束后出罐,自然冷却到 60℃ 时,再放入冷水中冷却到 40℃。也可采用反压冷却,这样能缩短冷却时间,有利于保持蘑菇的色、香、味,但反压冷却法的杀菌效果不如冷水冷却法。

(8)检验入库　入库罐头逐瓶检查,并抽样进行感观检验、理化检验和微生物检验(细菌学检验)。

(9)产品标准　应符合国家标准 GB/T 1451—1999《蘑菇罐头》各项要求。

①蘑菇罐头感观指标见表 5-3。

表 5-3　蘑菇罐头感观指标

项　目	指　标
色　泽	菌体整粒呈淡黄色,片状和碎片允许呈淡灰色,汤汁较清晰
滋味气味	具有蘑菇应有的鲜美滋味及气味,无异味
组织形态	精选整菇略有弹性,大小均匀,菌盖完整,允许少量小裂口、小修整及薄菇,无严重畸形,同一罐内菌柄长短大致均匀;片状菇为纵切,厚薄为 3.5～5 毫米,同一罐内厚度较均匀,允许少量不规则片和碎屑,碎片菇为不规则菇片
杂　质	不允许存在

②蘑菇罐头理化指标见表 5-4。

表 5-4 蘑菇罐头理化指标

项 目	指 标
(罐型)净重	668 罐 184 克,761 罐 198 克,6101 罐 284 克,7110 罐 415 克,7114 罐 425 克,9124 罐 85 克,15173 罐 2840 克,15178 罐 2977 克。区别罐型,允许公差为 ± (1.5% ~ 4.5%)
固形物不低于净重	668 罐 60%,761 罐 58%,6101 罐 55%,7110 罐 54.7%,7114 罐 53.5%,9124 罐 53.5%,15173 罐 68%,15178 罐 55.2%
氯化钠含量	0.8% ~ 1.5%
重金属含量	锡不超 200 毫克/千克,铜不超 10 毫克/千克,铅不超 2 毫克/千克
微生物指标	无致病菌及因微生物作用所引起的腐败象征

③卫生指标应符合国家标准 GB 7098—2003《食用菌罐头卫生标准》。

二、白灵菇罐头加工

(1)原料清洗 白灵菇子实体要求呈掌形和马蹄形,体态完整、质地丰厚、新鲜饱满、菌色洁白、无严重机械损伤和病虫害。优质菇 150～250 克,合格菇 100～140 克,250～400 克,菌柄切削良好,不带泥根或菌渣。验收合格的白灵菇原料,按级分开,采用泡清洗机流动水洗涤 10～20 分钟,达到清洁光滑无泥土、杂质。

(2)预煮修整 洗净的原料菇,迅速送到连续式预煮机内预煮 18～20 分钟,水温控制在 100℃,并在水中加 0.1% 柠檬酸护色,再输进冷却槽内冷却,直至原料中心温度降至常温。进行修整,要求保持菌体原状,菌面平整光滑,按级别大小分别盛放。

(3)装罐注液 空罐采用高压清水冲洗,洗罐机水温为 72℃左右;再用蒸汽冲淋消毒 3 分钟后,放置周转箱内。装罐前计量器具清洗消毒,并校正天平;装入菇要求形态良好完整,同一罐内色泽、大小较均匀、搭配合理、称重准确。其规格为单朵、两朵、三朵,每半小时抽查 1 次装罐量,并控净罐内余水。先将清水放入配料锅内煮沸,再加入食盐溶化后关闭汽阀,最后加入柠檬酸 0.1%、维生素 C 0.1%等,辅料搅匀,并用 120 目滤布过滤到配料槽内。用水泵打入加汁桶,通过加汁机进行加汁。事先调整好加汁机的流量,测量汁达到 82℃以上,然后送罐加汁。加汁后及时进行真空封口,封口时罐内中心温度应达到 70℃以上,真空度为 46.67~53.33 千帕。封口要求外观平整、光滑,无牙齿双线等质量,封口率必须达到 3 个 50%以上(紧密度、迭接率、完整率)。要求每两个小时解剖一次,测量检测结果,保留原始记录。

(4)杀菌冷却

①杀菌公式:6101 罐 10′—23′—5′/121℃,9124 罐 10′—27′—5′/121℃。

②操作要点:将封口后的罐头装入高压杀菌锅内,待温度升至 120℃时,关闭凝水阀,进行保温计时;保温结束后进行压缩机反压、冷却,反压压力均为 0.1~0.2 兆帕;杀菌后擦净罐体表面的浮水油污,然后进入恒温间码垛,每两小时测温 1 次,恒温时间 5 昼夜,温度保持(37±3)℃。

(5)包装入库 包装前打检,剔除低真空罐、废次品罐。擦净罐面,贴标装箱,罐头打字,要求字迹清楚、标准。商品标签要符合 GB7718—1994《食品标签通用标准》,要求商标贴正、无掉标、脏标现象。装箱排列整齐,箱体表面清洁卫生,包装箱质量要符合国家标准 GB12308《金属罐食品罐头包装纸箱技术条件》的要求。纸箱储运图标要符合 GB 191 国家规定的标志。

(6)产品标准 白灵菇罐头质量标准,现主要执行主产区的企业标准。

①白灵菇罐头感观指标见表 5-5。

表 5-5　白灵菇罐头感观指标

项　目	指　标
色泽	菌体乳白色,汤汁清晰或呈淡黄色
滋味气味	具有白灵菇应有的滋味和气味,无异味
整菇	菌体完整有弹性,切柄、菌褶少量破或倒,浅白色或淡黄色
整片菇	沿菌盖直径平行切片或沿菌柄纵轴切片,长度≥6 厘米,厚薄均匀,厚度≤0.4 厘米
碎片菇	片长度≤5.9 厘米,厚度≤0.4 厘米

②白灵菇罐头理化指标见表 5-6。

表 5-6　白灵菇罐头理化指标

项　目	指　标
净重	9124 罐型 850 克,允许公差±5%,每批平均不低于净重
固形物	不低于净重 50%,允许公差±5%
氯化钠含量	0.8%～1.5%
pH 值	鲜菇原料加工的罐头 pH 值为 5.2～6.4,盐渍菇加工的罐头 pH 值为 5.0～5.6

③卫生指标应符合国家 GB 7098—2003《食用菌罐头卫生标准》要求。

三、草菇罐头加工

(1)选料分级　草菇色泽灰褐色,根部修削圆正,无泥根、杂质。一级菇椭圆形,横径 2～3.5 厘米,新鲜幼嫩,肉层饱满,菌体完整,未破头伸腰,无死菇、皱缩及变质;二级菇横径 2～4 厘米,长度 2.5～5 厘米,新鲜幼嫩,肉层饱满,允许略有畸形及轻微伸腰,无死菇、皱缩及变质。装运回厂的草菇,如来不及加工罐头,可放入 0～4℃的冷风库中储藏,进库时周转筐交叉排列,保持通风,时间不超过 12 小时。

(2)预煮分级　经流动水清洗后,进入预煮机,预煮时间 4～8分钟,温度 90℃～95℃,以中心煮熟为度。预煮后流动水冷却,水流载送至旋转分级机中进行大小分级,分级机筛孔直径为 1.7 厘米、1.9 厘米、2.2 厘米、2.4 厘米、2.6 厘米、2.8 厘米 6 挡筛选分级。

(3)拣选修整　为保证产品质量,分级后的草菇要人工拣选、修整,将跳级草菇拣出归入相应级别。泥根削干净,拣除杂质,按规格分为两类:

①整粒:不伸腰、不破碎、菇伞未开放,允许 10％破裂菇。

②破粒:允许草菇脚苞破裂,形态基本完整,但严重开伞与伞柄断裂者不得使用。

(4)装罐注液　按照草菇大小分别装入罐内。

大号(L):直径 3.7～3.5 厘米,每罐 15～22 粒。

中号(M):直径 1.8～2.5 厘米,每罐 23～40 粒。

小号(S):直径 1.4～1.7 厘米,每罐 41～50 粒。

每罐大小大致均匀,每级分开装罐,不可混淆。525 克的罐头瓶装菇 260～270 克,315 克的罐头瓶装菇 150～160 克。用热水 49 升加入 1 千克食盐,25 克柠檬酸,待食盐充分溶化后,用绒布或 6～8 层纱布过滤,汤液的温度控制在 70℃～80℃,加至离瓶口 1 厘米。

(5)排气杀菌　加液后的罐头采用加热排气法,排气时间10～15 分钟,罐内中心温度为 75℃～80℃时方可密封,其罐内真空度要求达到 46.67～53.33 千帕。封罐后的罐头立即送入杀菌锅内杀菌,如选用立式杀菌锅,将水进行预热,水温控制在 60℃左右,锅内水应高于罐头 10～15 厘米。

杀菌公式为 $10'-23'-5'/121℃$,罐中心温度冷却至 40℃以下。将杀菌后的罐头用纱布擦干净,堆放于培养室内,在 30℃～35℃下培养 5～7 天。每批罐头中抽样进行生物指标检验,合格者出厂。

(6)产品标准　草菇罐头质量安全卫生标准应符合 QB/T

3615—1999《草菇罐头》轻工行业标准。

①草菇罐头感观指标见表5-7。

表5-7　草菇罐头感观指标

项　目	指　标
色泽	菌体呈灰黄色至鼠灰色,允许汤汁中略有混浊及少量碎屑存在
气味	具有鲜草菇经预煮,加盐汤制成的罐头应有的滋味及气味,无异味
形态	菌盖不开伞,菌体修整较完好,允许破粒不超过10%,按菌径分大、中、小3级,每罐大小大致均匀; 破粒:草菇脚苞破裂,菌伞外露,大小不分,允许有少量的菌伞及脚苞存在,形态基本完整
杂质	不允许存在

②草菇罐头理化指标见表5-8。

表5-8　草菇罐头理化指标

项　目	指　标
罐型净重	854罐227克,7116罐425克,允许公差±3%,但每批平均不低于净重
固形物	不低于净重的53.5%(227克),允许公差±3%,但每批平均不低于固形物
氯化钠含量	0.8%～1.5%
锡≤	200毫克/千克
铜≤	5毫克/千克
微生物	无致病菌及微生物作用所引起的腐败象征

③卫生指标应符合国家GB 7098—2003《食用菌罐头卫生标准》要求。

四、银耳罐头加工

(1)原料整理　将干银耳放入 2％维生素 C_1 溶液中,于室温下浸泡 3～4 小时,银耳与水之比为 1：20,复水后银耳体积可增大约 10 倍以上。经浸泡复水后,用不锈钢剪刀挖、剪去除坚硬的耳蒂,并用流动水漂洗干净。拣去有斑点、变色的耳片,将大、小朵分开,分别再用自来水冲洗一次,沥干表面水分。

(2)配料装罐　将大、小朵分开的银耳,定量装入事先清洗消毒过的玻璃瓶中,再注入食用的白砂糖,加纯水调配好的糖水。每罐装银耳 195 克,糖水 285 克,净重 480 克。糖水与盖间要留 5～8 毫米的间隙。

(3)排气密封　采用加热排气法,罐中心温度不能低于 75℃,排气完毕,立即加盖密封。瓶盖在使用前应清洗、消毒并沥干水分,采用真空封罐机密封瓶口。

(4)杀菌冷却　密封后的实罐,要及时进行杀菌,杀菌公式为 10′—20′—5′/121℃,杀菌后分段冷却至 38℃～40℃。

(5)入库检查　实罐冷却后,用纱布擦干罐外表水分,运至仓库,在温度 35℃ 的条件下保存 7 天,抽样检验,合格者方可贴商标、装箱,胶带纸密封箱口,加贴标签即为成品。

(6)产品标准

①感观指标:朵形完整、大小均匀、质地软而不烂、呈乳白色;糖水清澈,具有糖水银耳罐头应有的风味和香气,甜酸适口、无异味、无杂质。

②理化指标:净重 480 克,允许公差±3％,但每批平均不低于净重;银耳重量不低于净重的 40％,糖水浓度(开罐时按折光计)为 14％～16％。含有银耳固有的营养成分。

③卫生指标:应符合国家 GB 7098—2003《食用菌罐头卫生标准》要求。

五、鸡腿蘑罐头加工

(1)原料选择 一级品菌体新鲜、完整,菌盖与菌柄连接紧密,菌体呈白色,无脱盖,无开伞,根部修削干净,不带斑点,菌体长 8～10 厘米,根部直径不超过 2 厘米,含水量 90％以下。二级品菌体新鲜、完整,菌盖与菌柄连接紧密,菌体略呈浅灰色,不带斑点、无脱盖、无开伞、根部修削干净,菌体长 6～11 厘米,菌体根部直径不是超过 2.5 厘米,含水量 90％以下。

(2)分级护色 原料按不同级分筛后,应迅速按级别分别进行护色,以防菌体变色,影响外观质量。

(3)预煮冷却 按不同级别分别预煮,水开后倒入原料菇,沸后再煮 4～6 分钟,以熟透为准。菌体预煮好后,迅速冷却,并用流动水漂洗干净。

(4)装罐配汤 原料经上述处理后迅速装罐,固形物含量占净重的 55％以上,排列整齐。按水 100 千克、食盐 1 千克、柠檬酸 0.1 千克、维生素 15 克配制汤液,注入罐内。

(5)封罐杀菌 采用真空封罐后杀菌,以 500 克玻璃瓶为例,杀菌式 $10'—23'—5'/121℃$ 反压,冷却至 38℃左右。将杀菌好的罐头,用纱布擦去罐体水珠及污迹,涂上防锈油,堆码于 35℃室中恒温一周,进行检验装箱,剔除含杂质、胖听等不合格罐头。

(6)产品标准

①感观指标:菌体排列整齐,色白或略呈浅灰色,汤汁清晰,无杂质。

②理化指标:固形物含量在 55％以上,允许公差±3％,pH 值为 4～4.6。

③卫生指标:应符合国家 GB 7098—2003《食用菌罐头卫生标准》要求。

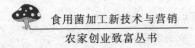
六、香菇罐头加工

(1)原料整理　选择外形大小适中、色泽正常、无霉变、无畸形、无破碎的新鲜香菇。用清水清洗菌盖表面及菌褶内的杂质，剪去柄下木质化部分，留1厘米左右。大菇切成3块，中菇切成2块，小菇不切。

(2)杀青冷却　将菌体放在5%盐水中煮8~10分钟或用0.05%柠檬酸溶液预煮，菇与溶液的重量比为1:5。煮透，外观呈半透明状，捞起放入冷水中冷透，沥干水后装罐。若来不及加工，可将经过预煮的香菇放在酸盐液中暂时保存。酸盐液的配方为水100升、精盐18千克，明矾150克，再用柠檬酸调pH值至3~4。或用5%食盐，加0.1%山梨酸混合物，用柠檬酸调pH值至3~4。装罐时要用清水充分漂洗，清除盐和化学防腐剂的残液。

(3)配液装罐　汤液配方为预煮菇汤70%、水27.5%、精盐2.5%，另加0.05%柠檬酸。配好后用4层纱布过滤，加热至80℃后注入罐中。按不同的罐型要求，定量加入香菇，然后注入配好的汤液，液面距罐口5毫米。若用塑料铝箔包装制软罐头，注液也应留出空隙。

(4)封罐灭菌　罐中心温度达为75℃~80℃，排气时间8~15分钟。若用塑料铝箔包装，也要把内容物加热至70℃~80℃排气，排气后趁热密封。罐型为284克和397克的罐头，杀菌公式为10′—23′—5′/121℃；罐型为850克的罐头，杀菌公式为10′—25′—5′/121℃，杀菌后迅速冷却至37℃~40℃。

(5)保温打检　将冷却后的罐头立即搬入保温培养室，在35℃~37℃下培养1周左右，逐罐敲打罐头，检查胀罐、漏气、浊音等不合格罐。将合格罐装箱入库，经保温打检过的合格罐头，检查罐头外形，并抽样开罐品评。

(6)产品标准

①感观指标:产品色泽淡黄,汤液清晰,具香菇特有的香味。净重和固形物的要求,应符合国家轻工业部 QB 1399—1991 规定的不同罐型标准,允许公差为±(1.5%～3.0%)。500 毫升罐头瓶允许公差为±5.0%,不同罐型固形物的允许公差为±(4.0%～11.0%)。

②理化指标:氯化钠含量为 0.3%～1.5%。

③卫生指标:应符合国家 GB 7098—2003《食用菌罐头卫生标准》要求。

七、鲍鱼菇罐头加工

(1)原料清理　原料的验收和漂洗,选择新鲜无害的鲍鱼菇,将其倒入清水中,轻轻搅动,彻底洗去泥沙等杂质。

(2)预煮分级　用清水进行预煮,菇水比为 1∶1,煮沸 8～10 分钟,煮透为度,捞出放入清水中冷透。按菌盖大小分为直径 5.0～6.5 厘米、6.6～8.0 厘米、8.0～10.0 厘米 3 级。菌盖直径大于 10 厘米的特大菇,以及破损菇、畸形菇等,用手撕成块状,供制块菇罐头用。

(3)装罐加汁　装罐前再经漂洗 1 次,除去碎屑和杂质。菌盖直径在 8 厘米以下的,装入 7116 型罐,装量为 250～260 克,成品罐头净重 425 克;直径在 8 厘米以上的,装入 9124 型罐,装量为 480～490 克,成品罐头净重 850 克;块菇装入 7116 型罐,装量为 250～260 克,成品罐头净重 425 克。汤汁为 2.5%的食盐水,注入时汤汁温度不低于 80℃。

(4)排气封罐　预封后加热排气,排气箱中温度为 95℃～98℃,排气时间为 8～10 分钟,罐内中心温度达到 75℃以上时,开始封罐。

(5)灭菌冷却　425 克装罐,杀菌式为 10′—20′—10′/121℃;

850克装罐,杀菌式为 $10'-25'-10'/121℃$。冷却后的罐头放入35℃左右的培养室培养 7 天,逐罐敲打听检,剔除不合格产品,并抽取一定量的合格罐头开罐评品。

(6)产品标准

①感观指标:菌体为灰黄色至灰褐色,汤液较清,允许稍带胶质和碎屑,但绝不允许有杂质。

②理化指标:具有鲍鱼菇固有的风味,无异味;固形物含量不低于净重的 53%,氯化钠含量为 0.8%～1.5%。

③卫生指标:应符合国家 GB 7098—2003《食用菌罐头卫生标准》各项指标要求。

八、滑菇罐头加工

以滑子蘑又名珍珠菇为原料,加工成的罐头,目前在国内外市场很受欢迎。

(1)原料整理 选用八成熟采收的珍珠菇,其菌盖似珠、色泽橙黄、外观秀美。剔除病虫、霉变及破损菇,剪去蒂头泥,菌柄按菌盖直径的 2/3 长修剪,洗净并去除杂质。

(2)分级装罐 一般以菌盖直径大小分为 4 个级别,T 级 10毫米以下,S 级 10～16 毫米,M 级 16～22 毫米,L 级 22～28 毫米。装罐量视罐型而定,4 号罐型容量 400 克,5 号罐型 200 克,6号罐型 270 克。

经加热处理装罐后,菌体内水分外溢,会使固形物的重量减轻,所以,装入量要比标准的容量增加些。在装罐时要特别注意不要混入杂物。

(3)排气封罐 装罐后送入排气箱进行排气,排气时要求罐中心温度达到85℃以上,4 号罐排气为 15～20 分钟,6 号罐排气为 10～15 分钟,排完后趁热封罐。排气时温度要控制好,当温度过高时,滑菇或汤液容易流出来;当温度太低时,排气不充分,影响产品质量。

(4)杀菌冷却 封罐后立即进行杀菌,杀死罐内的腐败性微生物。杀菌分煮沸杀菌和蒸汽杀菌两种,只要杀菌彻底,效果是相同的。必须掌握好杀菌时间,若杀菌时间太长,则滑菇的色泽不好;若杀菌时间太短,则杀菌不彻底。如果杀菌温度是100℃,4号罐需1小时,6号罐需40分钟。

滑菇与其他食品不同,虽然经100℃杀菌1小时,但为了达到充分杀菌的目的,杀菌1小时后,降温速度慢些为好,经过排气,取出后擦干。

(5)检查包装 冷却后的罐头,经35℃培养1周后,用检验棒轻轻敲打,根据声音来判断合格与否。每箱装4号罐48听,或6号罐96听,不要把不同等级的混装到一箱里,箱外注明规格和厂名后,封箱打包。

(6)产品标准 执行QB/T 3619—1999《滑子蘑罐头》轻工行业标准及GB 7098—2003《食用菌罐头卫生标准》的规定。

九、猴头菇罐头加工

(1)原料清理 选择菌体刺毛长7厘米左右,形态完整、大小均匀,直径5厘米左右,无病斑、无虫蛀,含水量85％左右,剪去菌蒂,剪口要平整。然后置于0.02％浓度的焦亚硫酸钠溶液中快速漂洗护色,捞出沥水。

(2)杀青冷却 将清洗沥水的猴头菇及时倒入0.5％柠檬酸溶液的夹层锅沸水中杀青。菇水比为1∶(2～2.2),约煮8分钟,至菇心熟透,迅速捞出,清水冷却。杀青水可使用2～3次,但每次必须另加等量新配的0.5％柠檬酸溶液。

(3)装罐加汤 分级装罐,装量按轻工行业标准:CKO罐型,净重500克,固形物不少于55％;8117号罐,净重552克,固形物不少于55％。装罐后注入80℃以上的汤汁,装至距罐口约1厘米,不可注满罐,以免封盖时汤汁外溢。

(4)封口灭菌 加汤后置于 95℃～98℃ 的排气箱中排气 6～8 分钟,使罐内温度达到 80℃ 以上,排气后立即加盖封罐。然后置于高压杀菌锅内进行杀菌,杀菌公式为 $10'-25'-10'/121℃$。灭菌后,置于流动清水中冷却至 40℃,取出擦干罐壁水迹。

(5)培养检验 将经灭菌的猴头菇罐头倒放在室温 33℃、空气湿度 80% 的培养室内培养 7 天。逐罐检查,凡盖隆起,用棒捶有混浊声音,或见瓶有气泡或杂菌,应拣出不用。

(6)产品标准 参照轻工行业标准 QB1397—1991《猴头菇罐头》标准。

①感观指标:菌体乳白色至灰白色,汤汁清澈;应有猴头菇特有的滋味和香味,无异味、组织紧密、外形完整。菌体直径为 3～4 厘米,刺毛长为 5～12 毫米,柄不超过 2.5 毫米,无畸形。

②理化指标:净重罐型为 280 克、360 克、510 克,固形物含量分别为 45%、50%;380 毫升 4 旋瓶 180 克,500 毫升 4 旋瓶 230 克,允许公差为 9%～11%;氯化钠含量为 0.3%～1.0%,pH 值为 4.5。

③卫生指标:应符合国家 GB7098—2003《食用菌罐头卫生标准》要求。

十、茶薪菇罐头加工

(1)选料整理 选择菌体尚未开伞时采收,一般菌盖直径为 2～4 厘米。菌柄留 2～3 厘米。用自来水洗去杂质和散发的孢子,漂洗前可用柠檬酸液适当浸泡,具有漂白和韧化组织的作用,且可防止在漂洗过程中菌盖过度破碎。

(2)杀青分级 在 100 千克水中加入柠檬酸 150 克,食盐 4 千克即配成预煮液。预煮的固液比(即菌体∶预煮液)为 1∶(1.5～2)。先将预煮液煮沸,加入菌体后再煮 10～15 分钟,然后置流动水中冷却,按菌盖大小分级,以利装罐。

(3)汤液配制 汤液为 2.5% 的食盐溶液中加入 0.05% 的柠檬酸及少量维生素 C。煮沸保存一段时间,装罐汤液要求保温 80℃以上。

(4)装罐杀菌 按净重的 55%～60% 装入菌体,加满汤汁。罐为 350 毫升金属螺旋盖玻璃瓶,排气封罐要求罐中心温度达到 80℃以上。杀菌公式为 10′—23′—5′/121℃,用流动水快速冷却。于 35℃下保温 3 天,检查无杂菌和胀罐现象,即可入库。

(5)产品标准

①感观指标:菌体条状完整,无蒂、无碎屑,呈黄褐色或浅黄色;糖水清澈透明,具有茶薪菇应有的滋味和香气,无异味。

②理化指标:固形物含量不低于净重的 53%,氯化钠含量为 0.8%～1.5%,pH 值为 5.2～6。

③卫生指标:应符合国家 GB 7098—2003《食用菌罐头卫生标准》要求。

十一、香口蘑罐头加工

香口蘑又名褐蘑菇,是欧洲市场上畅销的食用菌品种。我们为读者介绍李娜(2009)香口蘑罐头的加工方法。

(1)选料修整 选择新鲜、色泽正常、无发黄、无异味、无霉变及病虫害污染,菌盖未开伞,无畸形的香口蘑为原料,采收后,放入 0～4℃冷库中短期储藏。然后用刀把菌根削干净,剪去菌柄超长部分,放入流动清水中将菌脚、泥沙、碎屑等杂质清洗掉。按菌盖直径大小进行分级,并剔除病虫菇、破碎菇、畸形菇及超大菇。

(2)预煮冷却 褐蘑菇由于个体大、菌柄粗大,可切成片状。切片时要求均匀,厚薄一致。切片后放入 0.2% 柠檬溶液中,100℃持续加热 4～8 分钟,然后投入流动冷水中冷却,漂洗掉杀青水及杂质,使菌体凉透。

(3)装罐加汁　空罐清洗经 85℃以上热水消毒,沥干后,装入褐蘑菇,平均每罐装入量为 240～250 克。要求同一罐中菌色、大小及柄长短均匀,且菌盖的组织形态完整。装完后加入含2.5%食盐、0.1%柠檬酸的汤汁,汤汁加至距罐口1厘米处。

(4)封口杀菌　采用热力排气,当罐中心温度达到 85℃时,及时旋紧瓶盖密封,并洗去罐外盐水及油污,经检查无破损后,放入灭菌锅中灭菌。密封后,在 98 千帕压力下杀菌 30 分钟,然后常压冷却。杀菌公式为 15′—30′—20′/121℃。灭菌时严格按照操作规程进行,避免温度的剧烈变化。灭菌结束后,迅速冷却至40℃左右。

(5)保温检验　冷却后的罐头放入 37℃保温库存放 7 天,抽取一定数量的样品进行检查。检查外观是否有缺口、毛边、开裂、碰伤等缺陷,观察有无胀罐、浑浊及发霉现象,经检验合格即为成品。

(6)产品标准

①感官指标:色泽为浅褐色,汤汁较清,具有褐蘑菇特有的滋味及气味,无异味;组织形态完整,无破碎、脱柄和脱盖,大小均匀,略有弹性。

②理化指标:净重 425 克,每罐允许公差±3%,固形物不低于净重的 53.0%(约 227 克),氯化钠含量为 0.6%～1.3%。

③卫生指标:应符合 GB 7098—2003《食用菌罐头卫生标准》的规定。

十二、清水软包装罐头加工

(1)清水软包装罐头的特点　近年来食用菌清水软包装产品大量打入酒楼、餐馆和厂矿食堂,并稍稍进入了都市民众餐桌。其特点是外观上基本保持鲜菇原有形态、色泽、风味、口感,最大限度地保存产品的营养价值,不随着外界气温的变化而改变产品质量。密封后在常温条件下可延长到 6 个月以上的保质期,而且经过原料清洗、挑选、预煮、杀菌、封罐等工艺处理,产品更有安全感。价格经济实惠,方便省工,因此深受市场欢迎。

(2)清水软包装罐头的工艺

①鲜菇清理。选择适期采收的鲜菇,剪去菇蒂,剔除杂质、病虫危害菇、霉烂菇和劣质菇。保持菌体完整,个体肥大的采取切片。

②漂洗护色。经清理后的原料菇,及时置于流水槽内轻轻搅拌,洗去泥沙杂质。水洗作业应迅速,水量充足,漂洗过程要轻翻轻放,避免破碎。然后进行护色处理,浓度为 0.6%～0.8%食盐溶液浸泡洗涤后,捞入 0.12%焦亚硫酸钠溶液内护色 2～3 分钟。

③杀青冷却。杀青的目的是破坏多酚氧化酶活力,抑制酶促褐变,同时排出菌体组织的空气,使组织收缩、软化,减少脆性,便于装袋。工厂化生产常用不锈钢夹层锅,先将装有 2%浓度盐水烧开,投入食用菌,水与菇比为 3∶2,水温 85℃～90℃,处理 5～8分钟。也可以将菌体先放入 80℃～85℃水中煮 4 分钟,再转入沸水中煮 5～10 分钟,再投入流水中冷却 30～40 分钟。

④装菇注液。包装容器采用 80℃热水消毒,然后按菌体大小、长短分级包装。分装时按不同规格要求称量装足,并注入汤汁。汤汁可加入 2%～3%浓度的食盐水,或另加 0.1%～0.12%的柠檬酸。pH 值调至 3.4～4.4。

⑤排气封口。排气的目的是除去罐或袋内的空气,使容器内维持一种平衡饱满状态,然后在排气箱内通入蒸汽,使罐、袋内中心温度达到 75℃～80℃。排气后即通过真空封口机封口,真空度控制在 53.3 千帕。

⑥杀菌冷却。密封后应尽快进行杀菌,罐装的采用高压蒸汽通入,在 15 分钟后达到 121℃,稳定蒸汽进入量,在 121℃温度下维持 20 分钟,即可达到杀菌标准,然后排气 15 分钟后,冷却到

35℃～40℃。袋装的封口后放入杀菌槽内,采用 97℃以上的热水常压灭菌 60 分钟后,置于流水冷却降至常温。最后擦干袋、罐面,贴标、装箱。

(3)软包装材料选择 软包装材料要求透明度好,耐水、耐湿、耐高压、强度好。常用聚丙烯(OPP)制成薄膜袋,有类似玻璃般光泽和透明度,耐高压灭菌。罐则采用聚苯乙烯(PS),它是利用热成工艺,制成塑料盒、盘和罐,具有硬度好、晶莹透亮、耐水、耐光、耐高压。而用于套盘盒装盖面的薄膜则是采用聚丙烯制成的双向拉伸薄膜。

软包装封袋、封罐,有全自动、半自动和手工辅助。罐头生产流水线为机械全自动封罐,塑料袋封口采取真空封口机,封口机可印被包装产品的出产日期。真空封口机械生产厂家有山东诸城市松本食品包装机械公司(0536－6055718)。

(4)产品标准 参照国家 GB 7098—2003《食用菌罐头卫生标准》要求。

第一节 食用菌营养食品加工

一、食用菌营养蛋白粉加工

采用玉米、花生、豆类、小麦、大米等谷物为原料,通过合理配方制成培养基,然后接入名贵珍稀食用菌的菌种,进行培养成菌丝体,如虫草、香菇、竹荪、姬松茸、灰树花、灵芝、云芝、猴头菇等。然后通过提纯、超微粉碎、喷干等工艺,提取有效成分,制成营养丰富,且有免疫调节、保健功能的食用菌营养蛋白粉,采用铝罐或铝膜袋包装成品上市。

1. 工艺流程

原料浸泡→培养基配制→菌袋装料→灭菌→冷却接种→恒温培养→取料纯化→排湿烘干→超微粉碎→添加调配→成品检验→包装上市。

2. 制作方法

(1)培养基配制 选择无霉变、颗粒饱满的玉米、花生、小麦、大米、豆类等谷物,通过物理筛选后,浸泡 6～10 小时,控干。培养基配方为谷物 93%、麦麸 5%、石膏粉 1%、碳酸钙 1%、料与水 1∶1.2,pH 值为 7。

(2)灭菌接种 采用聚炳稀袋 15 厘米×33 厘米,每袋装料 600～700 克,扎口后置于 147.1 千帕高压灭菌锅内,灭菌 2 小时,达标后卸锅,排袋散热。待料温降至 28℃ 以下,接入所确定的食

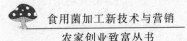
用菌菌种,在 23℃～25℃条件下培养至菌丝满袋。

(3)取料纯化 把菌袋割掉薄膜,取出菌丝体,经过挑选,去除杂质和发育不健全的菌丝体。

(4)控干粉碎 将纯化后的菌丝体摊开,排湿 4～6 小时后,置于烘干机内烘干,或采用 GLP-12 型高速离心喷雾干燥机,然后采用 FG160G 型高速研磨机粉碎成细粉。细粉体技术产品位粒(细度),经 100％小于 3 微米(过 450 目)粉末状态。

(5)调配包装 按获得的食用菌超微粉剂后,另加蔗糖(粉碎)、维生素 B_1、维生素 B_2 等,混合配制成品。产品经检测后,采取铝罐或铝膜袋,按 400 克、250 克、100 克不同规格分装,经 FY-PM8 型抽真空封机封口。

(6)产品标准

①感观指标:色泽为浅褐色,有食用菌应有的香味和滋味,清甜,组织形态呈粉状,无结块,无杂质。

②理化指标:菌类蛋白质含量 50％以上,含水率≤3％,总糖 36％。

③卫生指标:符合国家食品卫生标准,保质期 12 个月。

二、猴头菇精粉加工

以猴头菇为原料,制成粉状营养食品,其工艺流程为:

原料选择→清洗去杂→热水提取(二次)→原液合并离心→真空浓缩→配料→保温→喷雾干燥→不吸湿包装→成品装盒。具体制作方法如下:

(1)选料清洗 选无霉变、无虫蛀、色泽正常、未经硫磺熏蒸的当年产的猴头菇干品,然后用自来水快速冲洗去杂,捞出沥水备用。

(2)提取原液 将洗净的猴头菇加 5 倍清水,在不锈钢夹层锅中加热至沸保持 4 小时,经纱布过滤提取第一次原液,其渣再入锅加 3 倍水,加热至沸 4 小时,同样过纱布提取第二次原液。

(3)离心浓缩 将两次提取的原液合并,混匀后经离心机精滤、弃渣取得的原液,再经真空机浓缩,真空度为 86.66 千帕。进料浓度为 4～5 波美度,浓缩后为 8 波美度。

(4)配料加温 浓缩液加 50％白砂糖、1％干燥助剂糊精粉,充分搅拌使其溶解,配成浓度为 15 波美度的溶液,在不锈钢夹层锅中加温至 50℃～60℃。

(5)喷雾干燥 将调配好的浓缩液,采用高压喷雾设备进行喷雾干燥。进料温度为 50℃～60℃,高压泵工作压力为 176.5 千帕,进风温度为 120℃,出风温度为 75℃～78℃,干燥后成块状,要经粉碎。

(6)冷却包装 将干燥后的猴头菇精粉置于清洁干燥的包装室内迅速冷却,先用聚丙烯复合袋包装,封口机不吸湿包装,再用纸盒进行外包装,即为成品。

(7)产品标准

①感观指标:色泽为浅咖啡色,有猴头菇香味、清甜;组织形态呈疏松颗粒状,无结块,不允许有外来杂质。

②理化指标:氨基酸 10％以上,水分 2％～3％,总糖 50％。

③卫生指标:不得检出致病菌,应符合国家食品商业卫生标准。

三、食用菌人造营养米加工

食用菌人造米是以天然淀粉(马铃薯、甘薯、木薯、玉米、高粱等加工的淀粉)为主料,干香菇、干菇粉作营养强化剂和风味料,经人工制粒得到的合成食品。可以单煮食用,也可加入 20％大米同煮,具有独特菇香。

1.工艺流程

原料混合→轧片→制粒→分离→筛选→蒸煮成形→烘干→

冷却→成品→包装。

2.制作方法

(1)原料配制 薯类淀粉(单一或混合)50%、富强粉28%、碎米粉20%、过80目菇粉2%(平菇占65%,香菇占35%),或另加适量维生素 B_1、赖氨酸和钙质元素。按配方称取原料,投入混合机,干态混匀,然后加入含盐量0.2%的温水,混合均匀,使面团含水量达35%～37%。

(2)轧片制粒 将和好的面团送入辊筒式压面机,压成宽带状的面片,立即送入具有米粒形状凹模的制粒机,将面片压成米粒状湿坯。

(3)分离筛选 湿坯通过分离机和筛选设备,将成形的米粒状物和粉末分开。分离出来的米粒湿坯,用热风稍加吹干后,送往蒸煮成形工序,粉状物随即送回混合机重新配料利用。

(4)蒸煮成形 湿坯含水量约40%,装盘后送入蒸煮设备,通入蒸汽3～5分钟,使湿坯表层淀粉糊化,形成保护膜,稳定米粒的形状,并能杀死表面附着的微生物。在蒸煮过程中,能使表面淀粉粒产生黏性,但蒸煮时间不宜过长,然后在常温或冷却状态下置30分钟。

(5)烘干包装 将蒸煮并晾凉后的湿坯,送入烘干机干燥,温度控制在95℃,时间约40分钟,使其含水量降至13%时取出。在缓慢的冷却过程中,含水量会继续下降至11%～11.5%,达到安全储藏水平即为成品。采用无毒塑料薄膜袋小包装,每袋装量为1千克,用真空封口,储存在干燥仓库中或直接上市。

(6)产品标准

①物理特性:容量为381～382克/升。

②理化指标:含水量≤14.0%、蛋白质5.1%、脂肪0.4%、碳水化合物79.5%、粗纤维0.4%、灰分0.6%、热量344千卡/100克。

③卫生标准：不得检出致病菌，应符合国家食品商业卫生标准。

四、金针菇营养方便米粉加工

利用金针菇鲜菇和大米一起磨浆，经蒸熟成形、干燥，制成营养方便米粉。根据市场需求的不同，又有宽粉、细粉之分。

1. 宽粉

(1)原料　大米 10 千克、金针菇 1 千克。

(2)工艺流程

白色金针菇→清理去泥沙┐
　　　　　　　　　　　├→ 磨浆 → 蒸粉皮 → 冷却┐
大米→清理→浸泡　　　┘　　　　　　　　　　　　│
　　　　　　　　　　　　└→ 切料 → 干燥 → 包装

(3)制作方法　选择白色金针菇，洗净泥沙。选用优质大米，淘洗干净，用水浸泡，以米粒充分浸透为度（如浸泡不透，会影响米浆质量；浸泡过度，会发酸）。将浸泡的米与切碎的金针菇一起磨成米浆，再挂浆蒸粉（挂浆蒸粉时，厚度要均匀，否则就会出现生熟不均的现象，影响米粉质量）。粉皮蒸熟冷却后，再切块、干燥（晒干或烘干），最后包装即成。

2. 细粉

(1)原料　大米 10 千克、金针菇 1 千克。

(2)工艺流程

白色金针菇→清理去泥沙┐
　　　　　　　　　　　├→ 磨浆 → 澄浆 → 汽蒸 → 压粉┐
大米→清理→浸泡　　　┘　　　　　　　　　　　　　　│
　　　　　　　　　　　　└→ 冷却 → 干燥 → 包装

(3)制作方法　金针菇和大米的选用、清理、浸泡及磨浆的要求与生产宽粉相同。磨浆后用细布将湿浆包好，压去水液澄浆。将澄浆得到的湿粉汽蒸至七八成熟，再用挤压机或漏粉机压粉，让压出来的金针菇米粉直接落入开水锅中，使其充分熟化。再将米粉从开水锅中捞出，放入冷水中，冷却后捞出，干燥，包装成品。

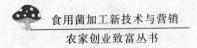

五、杏鲍菇即食营养麦片加工

工艺流程为大麦清杂→浸泡配料→分装灭菌→接种培养→破碎烘干→粉碎搅拌→胶磨糖化→辊筒干燥→造粒干燥→成品包装。制作方法如下：

(1)菌种制作 母种同常规,原种和固体培养料制备,大麦要求籽粒饱满,无破损霉变。清杂后淘洗,浸泡6～10小时,取出沥去水分,含水量约为42%。拌入碳酸钙,装入瓶或袋中,置于147.1千帕压力下灭菌2小时。

(2)接种培养 按无菌操作进行,接种后置于25℃左右培养10～15天,即可发满,菌丝浓白旺盛。继续培养3～5天,即可使用原种。固体培养物需挖出、掰碎,于60℃～70℃烘干待用。

(3)糖化糊化 温度高达140℃时,原料中的淀粉等大分子物质被降解、糊化,杏鲍菇菌丝体被灭活,再经过后续工序,最终形成冲调性甚好,并具有良好色泽和口感的速溶即食营养保健麦片。

(4)复合造粒 造粒是一道复合工序,包含添加辅助原料和成形。辅料为奶粉、蔗糖及不同口味的添加剂,用以改善麦片的品质,去除多余的苦杏仁味,达到美味可口的目的。速溶即食营养保健麦片的最终产品为4～8目的薄片。

六、白灵菇速溶保健麦片加工

白灵菇速溶即食营养保健麦片,既保持了原来麦片的色泽,又增添了浓郁的菌香及香甜的口感,产品具有色、香、味、形俱佳的特点,是一种新型的集营养保健于一体的麦片产品。

(1)工艺流程 清杂淘洗→浸泡配料→分装灭菌→接种培养→破碎烘干→粉碎搅拌→胶磨糊化→干燥造粒→热风干燥→成品包装。

(2)制作方法　速溶即食营养保健麦片的最终产品为 4～6 目薄片,需经历原料粉碎、搅拌胀润、胶磨乳化、焦糖化和预糊化、蒸汽辊筒干燥和造粒等工序。在焦糖化和预糊化阶段,温度高达 140℃,原料中的淀粉等大分子物质被降解、糊化。白灵菇菌丝体被灭活,再经过后续工序,最终形成冲调性甚好、并具有良好色泽和口感的速溶即食营养保健麦片。

上述流程中,配料是碳酸钙,所加的钙既可供白灵菇菌丝体生长发育所需,又可作为速溶营养保健麦片的钙源,而且经菌丝吸收和转化后,钙的有机化程度大为提高,更有利于人体吸收。造粒是一道复合工序,包含添加辅助原料和成形。辅料为奶粉、糖及不同的食品添加剂,用以改善麦片的品质,达到美味可口的目的。

七、金针菇益智面包加工

(1)原料成分　面粉 10 千克、金针菇(粉碎)0.5 千克、白糖 2～3 千克、油 1.5 千克、鸡蛋 1.5 千克、鲜酵母 250～300 克,少量食盐、香精和饴糖。

(2)和面发酵　和面、发酵分为两次进行,第一次和面发酵,将面粉与金针菇粉一起混合均匀,取出 1/3 混合粉加入鲜酵母拌匀揉搓。将揉透的面团放在 28℃下让其发酵,大约经 3 小时发酵,面团会明显膨胀,面团内会出现许多气孔。当第一次发酵的面团明显发酵膨胀时,可将剩余下的 2/3 混合粉和白糖等辅料,加水与发酵面团混合,揉搓均匀,进行第二次发酵,温度掌握在 28℃左右。

(3)成形烘烤　面团第二次发酵 2 小时后,即可将其做成圆形、椭圆形或其他形状,放在烤箱框上,让其在 28℃～30℃醒发(第三次发酵)1 小时。最后放入烘烤箱内烘烤,烘烤温度一般控制在 210℃～215℃之间,时间在 40 分钟左右。金针菇面包烘烤

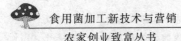
结束后,待稍冷却后包装。

八、香菇营养蛋糕加工

香菇营养蛋糕采用香菇柄粉替代部分面粉,用淀粉糖浆(主要由葡萄糖、糊精、多糖类及部分麦芽糖组成)替代部分白砂糖,用橘皮粉(含果胶18%以上)作为增稠剂。其产品属低糖、低脂肪营养食品,鲜香微甜,松软适口,老少皆宜。

1. 工艺流程

干香菇柄 → 去蒂清洗 → 切片烘干 → 粉碎过筛 ┐

橘皮浸泡 → 刮除内皮 → 沥水烘干 → 粉碎过筛 ┘

　　　　　　　　　　面粉、发粉 → 拌和均匀

新鲜鸡蛋 → 清洗外壳 → 打蛋 → 取液 ┐
　　　　　　　　　　　　　　　　　├→ 打发蛋浆 → 调成糊状
白砂糖、淀粉糖浆、柠檬酸、水混匀 ┘

└→ 入模成形 → 上炉烘烤 → 涂油 → 冷却 → 检验、包装 → 成品

2. 制作方法

(1)原料配方 筋力较强的面粉31.7%、香菇柄粉18.0%、橘皮粉4.5%、鸡蛋24%、白砂糖12%、淀粉糖浆8%、发粉1.2%、柠檬酸0.6%,水和食用油各适量。

(2)原料处理 取无霉变的干香菇柄,剪去硬蒂,用水漂洗去杂,捞出沥水,切成薄片置干燥箱中,在50℃~60℃下烘3~4小时至干,冷却后经粉碎机粉碎,过100目筛即得香菇柄粉。选新鲜、无霉变的干橘皮,洗净后浸泡一昼夜,滤干水分,用刀刮去橘皮内白色部分,放入干燥箱中,在60℃~70℃下烘2~3小时至足干,冷却后经粉碎机粉碎,过100目筛即成橘皮粉。

(3)打发蛋浆 鸡蛋用清水洗去壳上的污物,擦干壳上水分,敲开将蛋液放入多功能和面机中,加入白砂糖、淀粉糖浆、柠檬酸、水,起动和面机,高速旋转拌浆。使原料溶解均匀,空气充入

蛋液,蛋浆容积比原容积增大 1～2 倍。

(4)调糊成形　将搅拌均匀的面粉、菌柄粉、橘皮粉、发酵粉放入上述打发的蛋浆中,开启和面机慢挡,轻轻地混合均匀成糊状。将调成的蛋糊注入经消毒、模内壁涂有食用植物油的烤模中,蛋糊加入量占烤模高度的 1/2～2/3,一次成形,操作要熟练、快速、准确。

(5)上炉烘烤　迅速将装好蛋糊的烤模放入远红外烤烘箱里,温度调至 180℃,烘烤时间约 20 分钟。用细竹签插入蛋糕中心,若竹签无粘连物,说明已烤熟,即可出烤箱。

(6)冷却包装　烘烤结束,取出烤模,随即用小毛刷醮少许食用植物油涂于蛋糕表皮,然后脱模冷却,检验合格即可包装为成品。

(7)产品标准

①感观指标:蛋糕呈黄褐色,深浅一致,无焦斑,表面油润。

②卫生指标:不允许有致病微生物存在,应符合国家食品卫生标准。

九、蟹味菇营养面条加工

原料为蟹味菇菌种、小麦、豆浆、面粉、葡萄甘聚糖。

1. 工艺流程

麦粒处理→配料装罐→灭菌接种→烘晒磨粉→配料揉压→成品包装。

2. 制作方法

(1)浸料灭菌　麦粒经水浸泡,含水量为 38%～42%,浸泡时间约 12 小时。然后将麦粒装入玻璃瓶,塞上棉塞,在 147.1 千帕压力下灭菌 2 小时。

(2)接种培养　在无菌操作箱内接入蟹味菇菌种。在 25℃～27℃下培养室育菌。

(3)取出烘干 当麦粒长满菌丝后,挖出烘干,严防烤焦。

(4)粉碎调料 用粉碎机将烘干的麦粒粉碎,过 160 目以上筛。按豆浆、面粉比例 3：10,加 10%蟹味菇菌粉、10%葡萄甘聚糖。

(5)揉压切条 将上述原料按比例称好,加水充分混合,揉压5～6 次压成面片。用制面机切成面条,烘干后,按 250 克、500 克分装于透明无毒塑料袋内即可上市。

十、猴头菇营养挂面加工

(1)配方 富强粉 100 千克、猴头菇粉 1 千克(或猴头菇汁 20千克)、茯苓粉 0.5 千克,精盐 1 千克。

(2)和面 按配方将猴头菇粉与茯苓粉掺入面粉中,加 26%过滤盐水或煮菇水,在搅拌机内搅拌约 10 分钟,使面粉中的蛋白质充分吸水膨胀,形成面筋网络。熟化的料坯应有一定的延伸性。料坯应在(25±2)℃下放置 15 分钟,然后再上机压片。

(3)压片 熟化的料坯通过双辊压延,将小颗粒面筋挤压在一起形成面片,再通过数道压辊逐步压延,使面筋网络分布均匀,用轧条机将面片切成 1 毫米的面条后,即可上架阴干。

(4)阴干 阴干室的相对湿度为 70%～80%,室温为 15℃～20℃。通过一定的风量,使面条缓慢干燥。应防止室温过高,否则将使面条产生微裂而造成酥条。阴干时间约 8 小时。

(5)成品 挂面厚 0.8 毫米,宽 1 毫米,长 20 厘米,含水量为14%左右。

十一、银耳浓缩营养晶加工

(1)选取原料 泡发银耳、麦芽糊精、维生素、白砂糖、柠檬酸、香兰素、黄原胶、羧甲基纤维素等。将银耳放进清水中泡发,剪去耳蒂。

（2）**水煮过滤** 将银耳置于夹层锅中，加入 3 倍清水，调其 pH 值至 6.2，煮沸 50 分钟，用粗滤布过滤，留取汁液。在滤渣中加进 1.5 倍清水，搅匀并煮沸 30 分钟，提取银耳内含物，用粗滤布过滤后取汁。将以上两次得到滤汁合并，用过滤机过滤。

（3）**真空浓缩** 将滤液用泵注入真空浓缩机，保持真空度为 80.93 兆帕，温度为 45℃～55℃，将滤液浓缩到原体积的 20% 以下，使可溶性固形物达 15%。

（4）**混合调料** 取银耳浓缩液 25 千克，加麦芽糊精 15 千克、羧甲基纤维素 1.5 千克、维生素 C 0.3 千克、白砂糖 70 千克、柠檬酸 0.4 千克、香兰素 0.3 千克、黄原胶 0.1 千克。开动搅拌机，倒入以上固体原料，再缓慢倒入银耳浓缩液，充分搅拌均匀备用。

（5）**造粒干燥** 将上述配料放入摇摆式造粒机中制成湿料，过 8～10 目筛，装入不锈钢烘盘中烘干，使产品含水量降为 2%。最后用铝膜复合食品袋包装，或用平口铁罐包装。

十二、金耳营养冲剂加工

（1）**粉碎浸制** 将金耳漂洗干净，烘干、粉碎。以干菇粉、糊精、水之比为 1∶1.2∶15 的比例浸渍。先将糊精放入水中，加热至 70℃～80℃，使糊精完全溶解，待溶液温度下降至 40℃ 以下时，放入干菇粉，浸渍 6～12 小时。金耳粉碎一定要在干燥状态下进行，不能在浸泡后磨碎，否则成品冲服时溶液浑浊。

（2）**压榨干燥** 将浸渍后的溶液压榨过滤，压力要适中，否则滤液易出现浑浊沉淀的不良现象，滤液在 50℃～60℃ 下进行喷雾干燥。

（3）**配料混合** 将所得的粉剂、干燥精制食盐、复合鲜味剂，按 100∶15∶4 的比例，在干态下混合。复合鲜味剂的配方为谷氨酸钠（味精）95%，5′-肌苷酸 2.5%，5′-鸟苷酸 2.5%。采用干态混合，以免复合鲜味剂在加工过程中损失，以及食盐对干燥产生

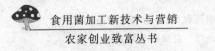
影响。

(4)成品包装　金耳速溶冲剂极易回潮粘结,成品要及时用铝膜袋密封包装。金耳渣仍含有一定的营养,经烘干磨粉,加入一定量的精盐、复合鲜味剂,以及紫菜、葱等调味料,即可成为快餐汤料。

十三、松茸速溶营养冲剂加工

1. 工艺流程

选料去杂→清洗烘干→切片粉碎→浸制压滤→喷雾干燥→加料调配→成品包装。

2. 制作方法

(1)选料粉碎　选无虫蛀、无霉变的野生干松茸,拣去杂质,用流动水快速清洗,于50℃～60℃下烘干,先切成片状,再经粉碎机粉碎成颗粒状。应注意不能浸泡后磨碎,否则成品冲服时溶液混浊。

(2)浸制压滤　将干菇粉、糊精、水按1∶1.2∶15的比例进行浸制。先将糊精放入水中,加热至70℃～80℃,使糊精完全溶解,待溶液温度降至40℃以下时,放入干菇粉,浸制6～10小时。然后将浸制的料液经压榨机压滤,压力要适中(过滤压力),否则滤液易出现混浊、沉淀现象。

(3)喷干调味　将压滤出的滤液在50℃～60℃下进行喷雾干燥。配方为谷氨酸钠(味精)96%,5'-肌苷酸2.5%,5'-鸟苷酸2.5%。采取干态混合,以避免复合鲜味剂在加工过程中损失及食盐对干燥产生影响。松茸可溶性干粉、干燥精制食盐、复合鲜味剂以100∶15∶4的比例在干态下混合均匀。

(4)成品包装　成品色泽浅黄至棕黄色,冲水溶解澄清透明(有少许胶体絮状沉淀),味鲜,具松茸特有的香味,无异味、无外来杂质。由于松茸冲剂极易回潮粘结,成品要即时用铝膜复合袋经封口机不吸湿包装,并打上生产日期和保质期,经检查合格即为成品。

第二节 食用菌饮料酿造技术

一、蘑菇保健饮料酿造

(1)原料处理 可选用罐头、盐渍、干制等加工过程中剔出的等外蘑菇、破碎菇、菌柄作为原料,经清理杂质后,放入 0.05％的亚硫酸钠溶液中,洗去泥沙、杂质。捞出后再放入 0.1％的亚硫酸钠溶液中浸泡,其目的是护色和保鲜味。取出后用流动水漂洗,摊在竹筛上晒干备用,也可用烘烤的方法进行干燥。

(2)辅料配合 干菇(经过粉碎)420 克、白糖 160 克、奶粉 150 克、葡萄糖 50 克、柠檬酸 46 克、食用色素胭脂红 0.5 克、山梨酸 2 克、食用香精 30 滴、净化水 10000 毫升。

(3)煮制过滤 将干菇粉倒入铝锅,加净化水 3000 毫升,煮沸 30 分钟,用四层纱布过滤两次,取滤液,加水补充至 3000 毫升。然后加入白糖、奶粉和葡萄糖,混匀后再用四层纱布过滤即得原液。

(4)溶解调料 用 1000 毫升净化水溶解柠檬酸、山梨酸、香精、胭脂红溶液,再将原液与净化水稀释至总量 10000 毫升,并用经消毒的木棒轻轻搅拌,混合均匀。

(5)无菌装瓶 在分装瓶前要先将瓶子用 0.2％高锰酸钾或 0.3％漂白粉溶液进行消毒,再用净化水冲洗。然后将饮料装至离瓶口 0.6 厘米处,加盖后在 100℃下灭菌 20 分钟。待冷却后即可包装入库。

(6)产品标准

①感观指标:淡红褐色,有特殊的蘑菇香气,含有浓郁的蘑菇

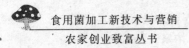
味,稍有浑浊,无沉淀。

②卫生指标:应符合国家食品卫生标准。

二、香菇营养液酿造

1.工艺流程

香菇母种扩繁→原种培养→栽培种培养→出料浸提两次→合并两次浸提液→加 α-淀粉酶酶解液化→煮沸灭活→加 β-淀粉酶糖化→煮沸灭活→板框压滤→硅藻土过滤器重滤→离心薄膜浓缩器浓缩→配料→离心取液→冷储→再离心取液→灌瓶、灭菌→成品。

2.制作方法

(1)菌种培养 首先进行母种扩繁,把菌丝生长健壮、长势旺盛、原基形成早、分化子实体多的香菇母种,移植于 PDA 培养基试管斜面,进行扩大培养。按常规法将培养好的试管斜面菌丝体,移接于原种培养基中进行培养。最后进行栽培种培养,培养基主要成分为小麦、葡萄糖、酵母膏和碳酸钙,pH 值调至 6.0,装袋灭菌后接种,于 25℃下培养,按常规法进行发菌管理,待菌丝长透现原基后备用。

(2)出料浸提 将菌丝培养物弄碎后,置于不锈钢夹层锅中,加入相当于培养物体积 3 倍的水,混匀后调 pH 值至 4～5,于60℃～65℃下保持 5 小时,使菌丝体自溶,滤出第一次浸提液,再重复上述步骤滤出第二次浸提液,合并浸提液。

(3)酶解糖化 将浸提液置于不锈钢夹层锅中,将 pH 值调整适当,加适量 α-淀粉酶,升温至 70℃～75℃维持 30 分钟酶解液化,然后煮沸灭活,降温至 60℃～65℃。加一定量 β-淀粉酶,使其糖化溶解,加碘液不变蓝为止,再升温煮沸灭活。

(4)过滤浓缩 用压滤机将上述溶液过滤,也可再用硅藻土过滤器重滤一次,使之更为清澈。用离心薄膜浓缩器将滤液浓缩至原液的 1/20 左右。

(5)配料冷藏 在上述浓缩液中加入适量的甜味剂和调味剂，混合均匀，在低温下静置至产生不溶性沉淀，再经离心机分离，除去沉淀，然后置于 1℃～5℃下低温储存，进一步离心去沉淀，制得澄清透明营养液体。最后将上述营养液进行灌瓶、压盖，然后经 60℃巴氏灭菌即得成品。

(6)产品标准

①感观指标：产品为橙黄色，澄清透明，无悬浮物，无沉淀。

②理化指标：可溶性固形物为 11½‰～12‰，总酸为 0.3～0.4（以克/100 毫升乳酸量计），不含任何防腐剂和食用色素。

③卫生指标：细菌总数＜10 个/毫升，大肠杆菌菌群＜3/毫升，不得检出致病菌，应符合国家食品商业卫生标准。

三、灵芝速溶健身茶酿造

(1)灵芝提取物的制备 将灵芝子实体洗净、晒干、切成薄片，然后粉碎成 0.1～0.3 厘米颗粒备用。量取 1 升水，缓慢加入糊精 80 克，并不断搅拌，使其成悬浮液。加热至 70℃～80℃下加热，使糊精完全溶解，待温度降至 35℃～40℃时，加入 65 克干灵芝粉，在 35℃～40℃下保持 6～12 小时，提取灵芝有效成分。用板框压滤，除去残渣，滤液在 50℃～60℃下进行喷雾干燥。

(2)粉状焦糖的制备 将 950 克白糖加热到 160℃～200℃，连续搅动，使呈黄白色。冷却到 120℃时，添加碳酸铵 0.5 克，此时出现许多泡沫，当泡沫消失后，添加 50 克白糖，再添加柠檬酸进行搅拌，混合物起泡。将混合物搅拌均匀，在半真空的器皿内于 120℃连续加热 20 分钟，冷却后即成粉状焦糖。取灵芝提取物 200 克，过 80 目筛，在停止加热前 10 分钟投入。

(3)配制速溶茶 将含有灵芝提取物的粉状焦糖 30 克与速溶糖 70 克、阿拉伯树胶 0.1 克、桂皮油 1 微升、柠檬油 100 微升充分混合后成为粉状酱色复合物。用塑料袋抽真空密封。

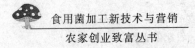

四、灰树花保健饮料酿造

1. 工艺流程

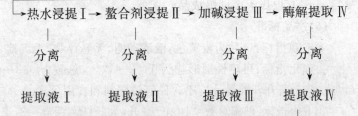

干品 → 剔选 → 粉碎

→ 热水浸提Ⅰ → 螯合剂浸提Ⅱ → 加碱浸提Ⅲ → 酶解提取Ⅳ

分离　　　　　分离　　　　　分离　　　　　分离

提取液Ⅰ　　　提取液Ⅱ　　　提取液Ⅲ　　　提取液Ⅳ

→ 混合浓缩 → 低温沉淀 → 分离配制 → 装瓶杀菌 → 成品包装

2. 制作方法

(1)选料粉碎 原料采用灰树花干品,要求干燥、新鲜、无霉变、无异味,把原料根部剔除干净,然后用粉碎机粉碎,用60目筛子过筛备用。

(2)浸提分离 浸提分离分为4步:

①热水浸提。将粉碎的灰树花子实体粉加入含有0.2%柠檬酸、0.1%维生素C、0.2%蔗糖脂肪酸酯和山梨糖脂肪酸酯混合物的水溶液中,子实体:水量=1:(10~12),于90℃~98℃下加热10~15分钟,并进行均质,然后放入离心机中进行第一次离心分离提取。

②加螯合剂浸提。将第一次浸提后的残渣加进含有1%左右的乙二胺四乙酸,或柠檬酸钠等金属螯合剂水溶液中,于85℃~90℃加热20~25分钟,放入离心机中进行第二次分离提取。

③加碱浸提。在残渣中添加含0.2%~0.3%磷酸钠的碱性溶液,加热到85℃~90℃,保持10分钟,用离心机离心分离。

④酶解提取。残渣中添加蛋白酶、半纤维毒素、甲壳酶等,溶解和破坏细胞膜,控制氢离子浓度为10~100微摩/升(pH值为

4～5)、温度为 35℃～45℃。酶处理后,用离心机离心提取得第 4 次提取液。

(3)浓缩 将上述 4 次提取液合并,然后进行减压浓缩或真空薄膜浓缩。浓缩过程可通过糖度计测定加以控制,浓度一般浓缩至 10%。

(4)低温分离 把浓缩后的提取液放在 4℃的冷库里静置 48 小时,使沉淀积聚于底部。然后用虹吸法吸出上清液,下部混合沉淀再用离心机分离,将获得的澄清液浓缩,再经脱色处理,便可得到原有营养物质。

(5)配制装瓶 经澄清浓缩的提取液需进行适当调配,一般以调整糖酸为主,适宜的糖酸比为(12～15):1。可在 1 升提取液中加入果糖或蜂蜜 75 克、柠檬酸或乳酸 3 克。为改进风味,也可用猕猴桃汁或椰子汁调配。饮料调配好后,再按常规方法装入罐或瓶等容器中,经杀菌后即为灰树花保健饮料成品。

(6)产品标准

①感观指标:澄清、无沉淀、稍显淡褐色,具有灰树花独特的清香味,酸甜适口,不得有异味。

②理化指标:糖度 10～12 度,酸度<3.5%,氨基酸≥2.2%,铅<1 毫克/千克,砷<0.5 毫克/千克,铜<10 毫克/千克。

③卫生指标:细菌总数≤100 个/毫升,大肠杆菌菌群≤30 个/100 毫升,不得检出致病菌。

五、银耳雪花片饮料酿造

1.工艺流程

原料选择→漂洗去杂→机械捣碎→配糖液装罐→排气封罐→杀菌冷却→成品检验→贴标装箱。

2.制作方法

(1)原料选择 选择朵大体松、耳片肥厚、乳白淡黄色有光泽、无霉变的优质干银耳,禁止使用经硫磺熏蒸过的增白银耳。

色深黄的多为陈银耳,也不宜作原料。

(2)去杂复水 将选择好的干银耳置于清水中浸泡,使之充分吸水发胀,其吸水率在 80% 以上。泡发后用剪刀挖去耳蒂,洗去附在朵片上的杂质,再用清水冲洗一次。

(3)机械捣碎 用组织捣碎机将洗净的银耳捣成 3～4 毫米大小均匀的碎片。银耳胶质韧性较大,选用捣碎机时应加以注意。

(4)配液装罐 按复水后的银耳重量比占 10%,将银耳和蔗糖液装入罐中。马口铁罐,预先要清洗消毒,每罐净重 350 克,复水银耳为 35 克。

(5)封罐杀菌 采用加热排气封罐法,当罐中心温度达 70℃以上,排气完毕立即封罐。也可采用真空封罐机,53.3 千帕真空封罐。将密封后的实罐,置回转式杀菌锅内蒸煮杀菌,以 121℃保持 4 分钟。然后分段冷却,用纱布擦净罐身水迹后入库,5 天抽样检验,合格后方可贴商标、装箱上市。

(6)产品标准

①感观指标:耳片呈乳白色或白色,均匀悬浮在溶液中,具有银耳风味、质感,无异味、无杂质。

②理化指标:糖度(以折光计)12%,每罐净重 350 克±3%,固形物 35 克,重金属含量在国家规定范围以内。

③卫生指标:不得检出致病菌,在保质期内无微生物引起的腐败变质现象,符合国家食品商业卫生标准。

六、金耳豆奶饮料酿造

将金耳与大豆有机复合,制成功能强化型灵芝豆奶,备受市场欢迎。

1. 工艺流程

原料处理 → 提取液浆 → 基料调配 → 均质排气 → 装瓶封盖┐

└→ 杀菌冷却 → 保温检测 → 贴标入库。

2.制作方法

(1)原料处理　将金耳干品剔去虫蛀、霉变,剪去柄部带有培养基的部分,然后粉碎至 10 目待用。大豆原料以色泽光亮、颗粒饱满、无蛀虫、无霉变的为佳,将其清洗干净,除去杂质和砂粒,放入 0.2％小苏打溶液中浸泡 10 小时左右。

(2)提液取浆　将已粉碎的金耳 35℃～60℃的温水浸泡 24 小时,然后加水稀释,搅拌后继续浸泡 5 小时,过滤分离残渣。再将金耳残渣按此工艺重复浸提一遍,最后将两次提取液混合后离心分离,得到纯净的金耳液。然后将浸泡好的大豆脱皮,加入 80℃～90℃热水磨浆,豆水比为 1：30,浆汁加热至 80℃以上 10 分钟。

(3)混合调配　将金耳液与豆浆按 1：9 比例混合,然后加入奶粉、白糖、甜剂等辅料,搅拌使之溶解,再加入 BE-1 豆奶稳定剂搅拌均匀,用 120 目纱布过滤。

(4)均质排气　将调配好的浆液,加热到 60℃～70℃,经两次高压均质,压力为 18～22 兆帕,脱气后加入豆奶香精少许。

(5)装瓶杀菌　将热浆液装入瓶中压盖,并置于高压灭菌锅灭菌,121℃保持 10～20 分钟。杀菌后逐渐冷却至常温,包装入库时去掉变质及分层产品。

(6)产品标准

①感观指标:色泽乳黄色,色泽均一,具有浓郁的豆奶香味,略带有金耳特有的滋味,无豆腥味和其他不良气味,口感细腻。组织形态呈均匀有乳浊液,无悬浮物、无沉淀、无杂质。

②理化指标:蛋白质 $\geq 6.5％$,pH 值为 7,砷(As 计)≤ 0.5 毫克/千克,铅(以 pb 计)≤ 1 毫克/千克,铜(以 Cu 计)≤ 10 毫克/千克。

③微生物指标:细菌总数 ≤ 10 个/毫升,大肠杆菌菌群 ≤ 5 个/100 毫升,不得检出致病菌。

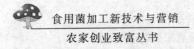
七、竹荪可乐饮料酿造

(1)原料选择 白砂糖 5 千克、糖精 2 克、蜂蜜 1.2 千克、柠檬酸 30 克、85％磷酸(食用级)2.4 克、苦乐香精 60 克、竹荪浸提液和中药提液(肉桂、豆蔻、姜、公丁香、薄荷叶等),以及适量的莱姆酸橙油、柠檬香精油、甜橙油、食用色素、焦糖色。上述配方加水 50 升左右。

(2)竹荪液制备 将原料洗净去杂质,加入 10 倍清水,加温至 65℃左右,浸提 3 小时,取其滤汁。然后把滤渣再加水、加温过滤,取第二次滤汁,并将两次滤汁混合备用。

(3)中草药液制备 将肉桂、豆蔻、姜、公丁香、薄荷叶等通过清洗、加水、加温,浸提其汁,方法同竹荪液提取。

(4)浓缩 将浸提液放入真空浓缩锅,在真空条件下加热浓缩至 30％(折光计)。

(5)配制 将配料加入浓缩液中,加热到 75℃,过滤、澄清、灭菌,然后装入已灭菌的瓶内,封盖、检验、贴商标即可。

八、鸡腿蘑保健饮料酿造

1. 工艺流程

选料清洗→预煮破碎→过滤调配→均质灌装→密封杀菌→冷却包装→成品入库。

2. 制作方法

(1)原料清洗 选择品质优良、新鲜、无异味、无杂质、无腐败和褐变的鸡腿蘑,用清水洗去黏附的污垢和杂物。

(2)预煮护色 按比例加入定量水,在适当的条件下预煮,以防止褐变,并软化菌体组织。

(3)打浆胶磨 先用打浆机将菌体破碎,再用胶体磨磨细,磨碎的混合物料用 120 目滤布过滤。

(4)调配均质　加入一定量的稳定剂、甜味剂和酸味剂调配均匀,将混合汁液加热至 65℃ 左右,采用高压均质机进行二次均质处理,均质压力为 20 兆帕。

(5)灌装杀菌　均质后趁热灌装于玻璃瓶中,用手动压盖机封盖。将封盖后的半成品置于沸水中加热杀菌 20 分钟,然后迅速冷却至室温。

(6)产品标准

①感观指标:产品呈橙黄色,组织均匀细腻、久置无分层,具有浓郁的鸡腿蘑味,口感协调、柔和、酸甜适中,无黏稠感、无异味。

②理化指标:可溶性固形物含量达 11% 以上,pH 值为 4.2～4.7。

③卫生指标:细菌总数 ≤ 100 个/毫升,大肠杆菌菌群 ≤ 3 个/100毫升,不得检出致病微生物。

九、姬松茸保健饮料酿造

1. 工艺流程

斜面母种→摇瓶菌种→发酵产物→组织捣碎→热水浸提→过滤调配→均质脱气→杀菌灌装→检验成品。

2. 制作方法

(1)斜面培养　从母种试管中切出蚕豆大小的菌丝块接种于斜面的中部,在 25℃ 下培养 10 天。

(2)发酵培养　将活化的斜面菌种切割成黄豆大小的菌丝块,接种于一级摇瓶中,一支斜面接一瓶,500 毫升三解瓶装培养基 100 毫升,以 160 转/分、25℃ 培养 7～8 天;二级摇瓶用 500 毫升三角瓶装 120 毫升,接种 10% 一级摇瓶菌种,以 150 转/分、26℃ 培养 5 天。发酵液呈淡黄色,有独特的姬松茸香味,测菌丝体湿重为 20%～25%。

(3)组织捣碎 将发酵液连同菌丝一起倒入组织捣碎机中,打碎成浆液。

(4)热水浸提 将浆液置于60℃水浴锅中浸提30分钟,以促使菌丝体自溶,有利于较多的营养物质溶于发酵液中,然后用离心机进行分离并过滤,得到发酵匀浆滤液,滤渣可重复匀浆、浸提一次,合并两次滤液。

(5)风味调配 将甜味剂(白砂糖与蜂蜜按1∶1混合)、酸味剂(柠檬酸)和发酵处理滤液分别配制成一定浓度的溶液。影响姬松茸饮料质量、风味的主要因素为姬松茸发酵滤液的添加量、甜味剂的添加量和酸味剂的添加量。

(6)均质脱气 将调配好的浆液加入稳定剂后均质,均质压力为15~20兆帕。均质后,将料液进行脱气处理,真空度为0.05兆帕脱气10分钟。

(7)灭菌及真空灌装 采用高温瞬时灭菌,杀菌条件为115℃、5秒钟,灭菌后进行真空灌装,并压盖密封,冷却后进行成品质量检验。

(8)产品标准

①感观指标:色泽为淡黄色,风味酸甜适中,具有姬松茸特有的清香,无异味。汁液质地均匀,体态滑润,无杂质、无沉淀、无分层现象。

②理化指标:可溶性固形物10%,总酸(以柠檬酸计)0.5%,重金属含量符合国家标准。

③卫生指标:细菌总数<100个/毫升,大肠杆菌菌群≤6个/100毫升,不得检出致病菌。

十、猴头菇蜜酒酿造

以猴头菇干品为原料,配合中药材、蜂蜜,酿制成猴头菇蜜酒。

1. 工艺流程

糯米 → 蒸煮 → 糖化发酵 → 酒酿———┐

猴头菇 → 切碎 → 白酒浸泡 → 粗滤 → 调配 → 加蛋清─┐

药材 → 加工 → 白酒浸泡 → 粗滤 ─┘

└→澄清→陈酿→过滤→包装→成品

2. 酿制方法

(1)酒基制备 选用精白糯米为原料,以甜酒药为糖化发酵剂,按一般传统工艺操作。待酒精度达 4 度、糖度达 15 波美度时即可压榨、粗滤,而后放入猴头菇及药材浸出液进行陈酿。

(2)浸液制备 按配方称取烘干的猴头菇,切碎,然后倒入 50 度粮食白酒中,浸渍 40 天,经 4 层纱布过滤,得金黄色的猴头菇浸出液。

将党参、当归、白芍药材净选除杂,切成一定厚度的薄片,晒干、称量,再加入一定量的 50 度粮食白酒,浸渍 40 天,4 层纱布过滤,得药材浸出液。

(3)调配陈酿 按配方以一定的比例称取猴头菇、药材浸出液,加入糯米酒中混合均匀后,测酒度、糖度。如酒度、糖度偏高或偏低,可分别用经活性炭处理过的再蒸馏的酒精和上等蜂蜜调整,最后加入 1%～1.5% 的蛋清,并先打成泡沫再倒入,用力搅拌 3～5 分钟后静止澄清,陈酿 2～3 个月。

(4)过滤分装 取上层清液,使其流入预先置有滤棉和滤布的漏斗中,再将已滤清的酒灌入桶或瓶中,检验、包装、入库。

(5)产品标准 成品外观呈琥珀色,清澈透明,具有猴头菇和药材浸出物的独特芳香。酒体协调、口味纯正、柔和可口、酒度适中(24～26 度)。糖分 9～10 克/100 毫升,总酸 0.2～0.3 克/100 毫升(以琥珀酸计),并含有丰富的氨基酸。

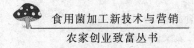
十一、金针菇陈酿酒酿造

1. 工艺流程

原料破碎→压榨澄清→调整成分→前发酸→后发酵→储藏管理→调配过滤→树脂交换→杀菌灌装→成品入库。

2. 酿制方法

(1)选料破碎 将金针菇鲜品去根除杂,用锤式破碎机破碎。原料菇从采收到加工以不超过 18 小时为好。

(2)压榨静置 经破碎的金针菇,用连续压榨机进行榨汁,并向榨汁中按每 100 千克加 12～15 克二氧化硫。每升汁液加 0.1～0.15 克果胶酶,充分混匀后静置 24 小时,取得澄清汁液。

(3)调整成分 将澄清汁液进行分离,上清液泵入不锈钢发酵罐中,汁液注入量不应超过罐容积的 4/5,以免发酵时醪液溢出。取样分析,根据要求用白砂糖调整糖度至 22～23 波美度。

(4)两次发酵 向发酵罐中接入 5%～10%的活性干酵母,充分搅拌或用泵循环混匀,经 3～5 天前发酵即可出池,转入后发酵。采用密闭式发酵,入池发酵液占罐容积的 90%,温度控制在 16℃～18℃,约经 1 个月后发酵结束,取样进行酒度、残糖等各项理化指标的检验分析。

(5)储藏管理 后发酵结束后 8～10 天,皮渣、酵母、泥沙等杂质在自身重力的作用下已沉积于罐底,应及时将沉淀物与原酒分开,进行第一次倒池,补加二氧化硫至 150～200 毫克/升,用食用酒精调整酒度至 12～13 度,在原酒表面加一层食用酒精封顶。当年 11～12 进行第二次倒池。经常检查,及时做好添池满罐工作。次年 3～4 月进行第三次倒池,此时酒液澄清透明,可在液面上加一层食用精制酒精封顶,进行长期储藏陈酿。

(6)配制过滤 根据产品质量标准精确计算出原酒、白砂糖、酒精、柠檬酸等用量,依次加入配酒罐中,充分搅拌混合均匀。取样分析化验,符合标准后进行过滤,并经过 70℃～80℃、30 分钟杀菌。

(7)树脂交换　用强酸 732 型阳离子交换树脂,进行酒液离子交换。操作时要稳定流速和控制好交换倍数,保证交换效果,提高酒液物理稳定性。每次离子交换完毕,要用清水将酒液排出,用清水冲洗树脂,待树脂层疏松分开均匀,再用 10% 的食盐水溶液处理。

(8)杀菌装瓶　用薄板式换热器进行巴氏杀菌,温度控制在 68℃～72℃,保温 15 分钟,稳定流速、连续进行。经杀菌后即可进行装瓶、封口、贴商标、装箱,成品入库。

(9)产品标准

①感观指标:色泽呈禾秆黄色,具有金针菇的清香和醇正的酒香、滋味及风味,酸甜适口,典型性强。

②理化指标:酒度 7～10 度,糖度 10～20 波美度,总酸 5～6克/升,挥发酸 0.8 克/升以下,总二氧化硫 200 毫克/升以下,游离二氧化硫 30 毫克/升以下,铁 5.5 毫克/升以下,干浸出物大于 16 克/升。

③卫生指标:细菌数＜50 个/毫升,大肠杆菌菌群＜3 个/100毫升,不得检出致病菌,应符合国家食品商业卫生标准。

十二、香菇陈酿酒酿造

1.工艺流程

斜面母种→一级种子摇瓶培养→二级种子罐培养→发酵罐培养→研磨加蜜→保温水解→灭菌冷却→接菌发酵→陈酿过滤→灌装灭菌→成品检验。

2.酿制方法

(1)香菇菌丝深层发酵工艺

①斜面培养。PDA 培养基,接入香菇菌种,于 25℃下培养 10

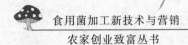
天左右长满斜面。

②摇瓶培养。培养基配方为蔗糖 4(克/100 毫升),玉米淀粉 2(克/100 毫升),硝酸铵 0.2(克/100 毫升),磷酸二氢钾 0.1(克/100 毫升),硫酸镁 0.05(克/100 毫升),维生素 B_1 0.001(克/100 毫升),pH 值为 6。取 100 毫升培养液装入 500 毫升,三角瓶中,高压灭菌 107.87 千帕压强下维持 45 分钟,冷却后接香菇斜面菌种,置旋转式摇式摇床内,以 230 转/分在 25℃条件下培养 5～8 天。

③种子罐培养。配方同前,装置 70%体积,高压灭菌要在 107.87 千帕压强下维持 50～60 分钟,冷却后接入 10%摇瓶菌种,通入无菌空气,通气比 1:(0.5～0.7),25℃培养 5 天。

④发酵罐培养。配方同前,装料后灭菌,蒸汽压强同种子罐,灭菌时间 50～60 分钟。冷却后,将种子罐二级菌种注入发酵罐,接种量为 10%,在 22℃～28℃下通气搅拌发酵 5～7 天。前期通气比为 1:0.4,中后期通气比为 1:0.6,罐压维持在 107.87 千帕,搅拌速度 70 转/分钟。

(2)研磨调蜜 把成熟的菌丝体发酵液用胶体磨进行研磨,使菌丝体中的有效成分释放出来。然后把蜂蜜加入浆液中不断搅拌,调至糖度为 25 波美度左右。

(3)瞬时灭菌 把调整后的混合液加热至 40℃,维持 3～4 小时,让蜂蜜自身的蛋白酶水解混合液中的蛋白质,再在 95℃～100℃瞬时灭菌。

(4)接种发酵 当温度降至 28℃～30℃时,接入 5%酵母种子液,前发酵 30℃左右 3～5 天,酒度达 9 度时,即移入 4℃～6℃下进行后发酵(陈酿),为使发酵液澄清,后发酵时间控制在 20～30 天。

(5)灌装灭菌 取上清液过滤后装瓶,压盖密封,然后进行巴氏灭菌(72℃～75℃,30 分钟),检验合格,贴标装箱。

(6)产品标准

①感观指标:色泽呈金黄色或浅黄色,澄清透明,有光泽,酒香、菇香、蜜香协调,香味纯正,酒体完整。

②理化指标:糖度 5.1 波美度,总酸(以醋酸计)3.2 克/升,香菇多糖 23.5 毫克/100 毫升、铅≤0.4 毫克/升,铜≤0.5 毫克/升,锰≤0.1 毫克/升,酒度 10,氨基酸总量 119.53 克/100 毫升。

③卫生指标:细菌总数≤4(个/毫升),不得检出大肠杆菌菌群、致病菌。

十三、灵芝黄芪酒酿造

(1)选料 取灵芝 2 千克、黄芪 2 千克、党参 100 克、白术 1 千克,洗净晒干切片后浸泡于 100 升大曲酒中,经 20 天后过滤,得药材浸泡酒备用。

(2)处理 先将水质用离子交换树脂处理,然后用紫外线灭菌。糖水用无菌水溶解,间接加温,恒温净化 30 分钟,经多层纱布过滤,取滤液冷却备用。

(3)调配 对酒的酒度、糖度、酸度、药物量及色泽等,采取由低到高的原则进行勾兑。色泽以浸泡液原色为主,可根据糖、酒、酸的浓度适当加重色量,使味感、色感互相协调。

(4)灭菌 调配好的酒,用不锈钢夹层锅间接灭菌,然后装瓶。装瓶后再经蒸汽杀菌槽加热灭菌一次,以保证酒品质量和外观更加澄清透明。

(5)产品标准 色泽橘黄,透明无沉淀,酒味醇香柔和,药味适中和谐,酸甜可口,酒度 20%,糖容量 20 克/100 毫升,总酸 0.3 克/毫升(按乙酸计)。

十四、食用菌汽水酿造

(1)浓缩液制备 选择新鲜香菇、猴头菇、金针菇、平菇等子实体,去杂、洗净、称重,然后用刀切碎,放入铝锅中,加入两倍鲜菇重的清水,煮沸 10 分钟后过滤取汁;所得滤渣再加 0.5 倍的水,煮沸 3～5 分钟过滤;并用少量水淋滤,最后将全部滤液混合并置于铝锅中加热浓缩。当菌液约相当菌重的 2 倍时,停止浓缩,及时将菌汁装入消过毒的器皿中,低温短期保持备用。

(2)汽水配方 菌汁 300 毫升、白糖适量、柠檬酸 9 克、小苏打 6.5 克、防腐剂 0.2 克,可制作汽水 1000 毫升。

(3)制作方法 先将上述菌体原料溶于菌汁中,装入含二氧化碳的碳酸化水达到 1000 毫升,封口即成。也可以在菌汁中加入各种成分后,直接加清洁水至 1000 毫升,再放入 6.5 克小苏打(替代碳酸化水),立即封口。

(4)产品标准 产品应符合国家规定的食品卫生标准。

十五、香菇冰淇淋制作

1. 工艺流程

①香菇汁制备:新鲜香菇→挑选去蒂→清洗榨汁→护色蒸煮→香菇原汁。

②冰淇淋制备:原料配方→混合加热→杀菌均质→冷却老化→凝冻包装→硬化冷藏→成品。

2. 制作方法

(1)原料要求 新鲜香菇、白砂糖(符合 GB 317—64 要求)、奶粉(符合 GB 5410—86 要求)、奶油(符合 GB 5415—1985),麦芽糊精、羧甲基纤维素钠(CMC-Na)、蔗糖脂肪酸酯、明胶、琼脂、香精等食品添加剂,皆应符合 GB 5410—86。

(2)压榨菌汁 选无污染、无病虫、无霉变、肉厚汁多的优质鲜香菇,去杂、去蒂,用清水洗净,沥水后送入螺旋榨汁机中进行榨汁,榨出的汁立刻进行护色,通过离心分离机将香菇生汁经高温蒸煮,得香菇原汁。

(3)调料杀菌　配方为香菇原汁 65％、奶粉 15％、白砂糖 15％、麦芽糊精 2％、奶油 5％、琼脂 0.5％、明胶 0.2％、蔗糖脂肪酸酯 0.2％、香精适量。其中，明胶、琼脂、蔗糖、脂肪酸酯预先要用水浸泡软化，奶油要加热软化。冰淇淋的原辅材料营养丰富，适宜微生物繁殖，为了不影响冰淇淋的品质，采用 85℃、15 秒杀菌，时间缩短效果却比普通巴氏杀菌效果好，且可提高产品品质。

(4)控温均质　经杀菌的混合原料，通过均质机高压，温度控制在 65℃左右，使脂肪球破裂，脂肪数量增加，从而使混合原料黏度增加，同时稳定剂、乳化剂、蛋白质等，通过均质处理后质点也增加，质布均匀。均质的结果，稠度增加，起泡性能良好，成品的品质更细腻、润滑，储存性能得到改善。在冰淇淋混合原料中，大部分乳性液是经过均质处理后形成的。

(5)混合冷冻　混合原料经均质处理后，应迅速冷却到 4℃左右，以防细菌在中间温度下迅速繁殖。但冷却温度不能低于 0℃，以防产生大的冰晶，影响成品口感。将冷却到 0～4℃的混合料置于冷缸中，在不断搅拌下置 4～6 小时，促使其成熟。将混合料置于冰淇淋凝冻机中，在低温下不断搅拌，原料中 40％～45％的水分都凝结成微细冰晶，混合原料逐步变得稠厚成为半流动状态。在搅拌过程中有大量空气混入，使混合原料体积大大膨胀，体积膨胀到原来的 2.5 倍左右凝冻结束，即可进行灌装。

(6)硬化冷藏　灌装好的冰淇淋应迅速进行硬化，以固定冰淇淋的体形。硬化使凝冻过程中剩余水分继续形成冰晶，使产品硬度增加，保持模具所规定的冰淇淋形状。冰淇淋的冷藏温度应控制在 −18℃以下，湿度控制在 85％～90％。

(7)产品标准

①感观指标：呈奶白色，具特有的菇香和奶香、香甜适中、风味纯正、无异味。组织细腻，形体柔软、轻滑，质地均匀，无大冰晶。

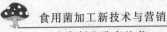
②理化指标:产品总固形物 32%、总氨 4.8%、还原糖 26.8%。

③卫生指标:应符合 GB 9678—1988 规定。

第三节　食用菌旅游休闲即食品加工技术

一、桂花香菇脯加工

桂花香菇脯融合了传统的果脯蜜饯制作方法和现代的食品制作工艺,以香菇、甘草、茴香、桂花、红糖为基本原料。采用糖渍方法,加工制成质地微脆、香甜可口,具有较高的营养价值和保健功能,且老少皆宜的食品。这里介绍广西廖显辉(2003)研究的加工技术。

1.工艺流程

原料选择→护色→修整→烫漂→硬化→去异味→配料液

浸渍→烘烤→包装→成品

2.制作方法

(1)原料选择　香菇 50 千克、蔗糖 20 千克、甘草 250 克、茴香 250 克、薄桂 500 克、糖精 150 克、食用色素适量(安息香酸钠 100 克)。

选菌形完整、菌盖茶褐色、菌褶白色、无病虫斑点、无机械损伤、七八成熟的新鲜香菇为原料。采收后鲜菇立即浸入 0.5% 的焦亚硫酸钠溶液中,浸泡 10 分钟作护色处理。

(2)修整烫漂　清水清洗菌盖面及菌褶内的杂质,再用不锈钢小刀把菌伞和菌柄分开,菌柄纵向切两半,菌伞切成 15～20 毫米的长条。要求菇脯坯大小基本一致,外形整齐美观,便于后续工序操作。将修整好的菌柄、菌伞分别投入沸水烫煮,菌柄为 5

～8分钟,菌伞为2～4分钟。烫漂后捞出经流动清水冷却至室温。烫漂以菇脯坯半生不熟,组织较透明为准,时间过长易使菇脯坯烫烂,影响糖浸。

(3)硬化除味　为了防止菌伞在糖煮时的烂损,经过第一次烫漂冷却后的菌伞,要放入配好的0.4%无水氯化钙溶液浸泡10小时,然后捞出用流动清水洗去残渣,除去涩味。将硬化处理的菇胚,放入80℃～100℃的花生油中浸提30分钟,机压去油,再用温水洗去余油,沥掉水分。

(4)配液腌渍　将甘草、薄桂、茴香放入锅中,加入清水,用文火煎煮1小时左右,所得料液用纱布过滤,去除料渣,加入红糖10千克,煮沸溶化,再加入适量食用色素搅拌均匀,置于缸内备用。将经过预处理的菇胚倒入缸内,浸渍48小时后滤出料液。将料液再加入红糖,入锅内煮沸浓缩30分钟左右,置于缸内,然后加入安息香酸钠100克,搅拌溶解后,倒进香胚,继续浸渍72小时后捞出。

(5)烘烤包装　把菇胚从糖液中捞出沥干,放入烤盘摊平,送到烘箱内烘烤。为保证香菇脯表面光洁不皱褶,采用"低温慢速变温"烘烤工艺,即先在35℃～40℃烘烤4小时,停火冷却;当菌盖变软时再打开烤箱,使温度逐渐升至55℃烘烤12小时,再停火冷却;待温度降至室温时,再升温60℃维持2～4小时,含水量为16%～18%,手摸不粘手时即停火取出。烘烤后香菇脯去除杂质,再放在干燥洁净瓷坛中密封回软3天。然后按菌体的大小、完整程度及色泽等进行整理分级,使其外观一致,用透明食品塑料袋包装,真空包装机封口,检验、贴商标即为成品。

(6)产品标准

①感观指标:色泽呈黄色或黄褐,色泽基本一致,略有透明感;组织饱满,不粘手、不返砂;条形整齐,长短粗细基本一致;无杂质,酸甜适口,具有香菇的风味和滋味,无异味;软硬适宜,不

粘牙。

②理化指标：成品总糖（以转化糖计）为 55%～60%，含水量为 16%～18%。

③卫生指标：细菌总数 ≤ 100 个/克，大肠杆菌菌群 ≤30 个/100 克，不得检出致病菌（系指肠道致病菌）。

二、甜味姬松茸脯加工

以姬松茸子实体为原料，加工成甜味菇脯，已成为受欢迎的旅游休闲即食品。其加工方法如下：

(1)选料处理 菌盖大小中等、色泽正常、菌形完整、无病虫斑点的鲜品，及时用水清洗干净，快速捞出控干水分。

(2)杀青修整 锅中放入清水并加 0.8% 左右的柠檬酸，煮沸后将沥干的姬松茸放入，继续煮 5～6 分钟，捞出后立即在流动清水中冷却至室温。然后用不锈钢刀修削菌柄下部变褐部分。对个头较大的菌体，必须进行适当切分，并剔除碎片及破损严重的菌体，使菌块大小一致。

(3)护色腌制 制备焦亚硫酸钠 0.2% 的溶液，并加入适量的氧化钙，待溶化后放入菌块，浸泡 7～9 小时，捞出再用流动清水漂洗干净。然后取菌块重量 40% 的糖，一层菇、一层糖，下层糖少，上层糖多，表面覆盖较多的糖。腌制 24 天以上，捞出菌块，沥去糖液，调整糖液浓度为 50%～60%，加热至沸，趁热倒入浸菇缸中，要浸没菌块，继续腌制 24 小时以上。

(4)糖液浸泡 将菌体连同糖液倒入不锈钢夹层锅中，加热煮沸，并逐步向锅中加入糖及适量转化糖液，煮至有透明感，糖液浓度达 62% 以上时，立即停火。然后将糖液连同菌体倒入浸渍缸里，浸泡 24 小时后捞起，沥干糖液。

(5)烘烤包装 将沥净糖的菌块放入盘中，摊平后送入烘房进行烘烤。烘烤温度控制在 65℃～70℃，时间 15～18 小时，当菌体呈透明状,手摸不粘即可取出。烘烤后的产品,需经回潮处理,对质检合格的产品,用塑料袋小包装。

三、健胃猴头菇脯加工

1. 工艺流程

原料选择→热烫浸泡→糖渍糖煮→烘干成品。

2. 制作方法

(1)原料选择 选直径小于 5 厘米、菌刺小于 8 毫米的优质新鲜猴头菇,去蒂和杂质,浸入 2％盐水,应尽快加工。

(2)热烫浸泡 在夹层锅中加水煮沸,放入适量柠檬酸搅匀,煮沸 5～6 分钟。捞起速用冷水冲凉,剔除碎片及破损菌块,并切分大块菇。将猴头菇倒入 0.2％焦亚硫酸钠溶液(加适量氯化钙)浸制 6～8 小时,再用清水漂洗。

(3)糖液渍制 按菇胚净重加入 40％白糖腌渍 24 小时,然后滤取糖液,加热至沸,糖液浓缩到浓度为 50％时趁热倒入缸内再渍 24 小时。将糖液、菇胚在锅中加热煮沸,逐步加入糖及适量的转化糖液,直至其有透明感。糖液浓度达 60％以上时倒入缸内浸泡,捞起菇胚沥干糖液。

(4)烘干成品 在 60℃～65℃烘房中烘 8～10 小时,待菌块水分降至 24％～26％;取出回潮 16～24 小时,压缩成扁圆形;再置于 55℃～66℃烘房中,烘烤 6～8 小时,含水量降至 17％～19％,手摸不粘即可出烘房。

四、椒盐茶薪菇脯加工

(1)选料 选择八九成熟的茶薪菇为原料,要求菌体粗细、长短均匀。调料为蔗糖、食盐、葱段、花椒粉、柠檬酸、味精等。

(2)整料 鲜菇剔除病害、虫蛀菇,除去污物杂质,剪去根脚,漂洗干净后备用。若选用干菇,则需先浸水泡大后,再剪去根脚,漂洗干净备用。

(3)煮制 在铝锅中放入适量水,同时加入糖和食盐及金针菇。先用大火煮开后,再小火熬煮10~20分钟后加入胡椒粉、味精、柠檬酸、葱段,继续煮制,使菇根充分入味,当锅内料汁基本烧干时停止煮制。

(4)干燥 取出制好的茶薪菇干,放在烘筛上摊匀,将烘筛放入烘箱,在70℃~80℃温度下通风烘干,或将烘筛放在太阳下晒干。烘干、晒干的程度,以掌握最佳口感为准,不宜太干、太湿。烘、晒期间要翻动两次,防止粘筛。

五、菌柄芝麻片加工

1. 工艺流程

香菇柄和黑芝麻→配料→软化菌柄→鼓风干燥→压片成形→撒芝麻烘烤→成品装袋。

2. 制作方法

(1)原料处理 鲜香菇柄剪去带培养基的菌根,去除杂物,洗净后晒干备用。黑芝麻用清水淘去泥沙和杂质,沥干后入锅炒熟,注意火候,切勿炒焦。

(2)配料组分 干菇柄20千克,黑芝麻3千克,优质食醋80千克,精盐4.2千克,白糖3千克,目鱼风味调料2千克,花椒粉100克,鲜辣粉150克,饴糖适量。

(3)软化干燥 将香菇柄分批倒入不锈钢锅中,加食醋浸泡一夜,促使软化。再加入食盐、白糖和目鱼风味调料,搅拌均匀。然后加热30分钟,再置于压力锅中在98~147千帕压强下保持20~30分钟,使其充分软化。待压力下降后,打开压力锅盖,取出香菇柄,沥干收水。然后摊在烘盘里,均匀撒上花椒粉、鲜辣粉等辛香料。再送入鼓风干燥箱中,在60℃~70℃下进行热风干燥,待含水量降至25%时,终止加温。

(4)压片成形　将经干燥的香菇柄,置于模具中,压成 50 毫米见方的薄片。

(5)撒芝麻烘烤　在每个薄片的上面刷一层饴糖,再均匀撒一层黑芝麻。然后送入烤箱中,在 150℃～180℃ 温度下烘烤 3～5 分钟,即可出烤箱。

(6)成品包装　待冷透后定量装入复合食品塑料袋内,用真空包装机进行包装封口。装袋后质检合格,即可装箱入库或直接上市。

六、快餐风味白灵菇片加工

1. 工艺流程

原料处理→预煮和冷却→分级挑选→切片调配→软包装→真空封口→杀菌→包装。

2. 制作方法

(1)原料处理　按白灵菇质量规格收购后,在产地用 0.03% 焦亚硫酸钠溶液洗一次,再以 0.03% 焦亚硫酸钠溶液浸 2～3 分钟,捞出用清水浸没。

(2)预煮冷却　用夹层锅以 0.1% 柠檬酸液沸水煮 8～10 分钟,菇与液之比为 1:1.5,急速用水冷却。

(3)分级挑选　按菌盖片状大小分级、挑选、修整。然后用定向切片机纵切成 3.5～5 毫米厚的片状,每个级别单独放在一起,用水淘洗一次,沥干。

(4)调配搅拌　在真空搅拌机里进行调配、搅拌。配方为白灵菇片 100 千克、精盐 1.2～1.5 千克、蒜粉 80 克、辣椒粉 30 克、胡椒粉 20 克、姜粉 50 克、麻油 3 千克、味精 2 克。边加入调料边搅拌 1～2 分钟,然后真空搅拌 3～5 分钟。

(5)包装封口　可用手工或机器包装。采用尼龙铝箔聚丙烯耐热彩印袋作包装材料,分 85 克和 125 克两种规格装袋。用真空封袋机封口,真空度为 66.66～79.99 千帕。

(6)杀菌入库　杀菌公式为 15～25 分钟/118℃,杀菌后及时冷却,然后包装入库。

七、人造杏鲍菇腊肉加工

(1)原料组分　杏鲍菇制成浓缩汁 23 克,猪油或植物油 33 克,食盐 24 克,大豆蛋白 450 克,大豆油 540 克,淀粉 410 克。

(2)提取浓缩汁　取适量的杏鲍菇洗净去杂质,粉碎;再在胶体磨上均质,通过酶处理中和过滤,减压浓缩得到含水量 50% 左右的杏鲍菇浓缩汁,调以鲜味剂、咸味剂、辛香料等。

(3)凝胶物制备　将大豆蛋白加水 20%,放在搅拌机中搅拌 15～25 分钟,在 30℃ 下放置 2～3 小时,即可得到凝胶状混合物。

(4)腊肉制作　取凝胶状混合物 320 克、食盐 24 克、香菇浓缩汁 23 克、猪油或植物油 33 克,一起搅拌 10 分钟。用蛋白凝胶物 50 克、水 200 毫升、大豆油 140 克及淀粉 410 克,制成乳状物。然后各取 400 克,交替放 3 层,放在蒸汽中加热 60 分钟,冷却,整形熏制,再冷却,切片,置于 120℃ 油中炸 1～2 分钟即成。

八、香酥平菇条加工

(1)原料准备　选当天采收未开伞的优质鲜平菇,削根去杂后,用清水洗净,捞出沥水。

(2)浸煮脱水　将整理好的鲜菇置于不锈钢锅的沸水中煮 1～2 分钟,捞出控水。因菇的含水量较高,且不易被除去,所以要用真空抽水机尽量将菌体的自由水抽干。

(3)切条成形　将浸煮脱水的菇,顺纹用不锈钢刀切成 3～5 厘米宽的条状。

(4)拌料调制 主料(菇条)与辅料(混合粉)之比为 90∶10。其辅料混合粉的组成为淀粉∶精盐∶白糖∶胡椒粉∶味精＝75∶15∶6∶3∶1,将平菇条与辅料充分拌匀。

(5)入锅油炸 将调拌好的平菇条,放入 150℃ 左右的植物油锅中炸至黄酥,用铁笊捞出沥去多余的油。

(6)包装封口 将炸好的平菇条冷却后,即可装入复合塑料袋中。一般每袋装 100 克,用抽真空封口机封口。

九、鸡腿蘑香肠加工

1. 工艺流程

原料肉→切块→腌制→绞碎→斩拌 ⎱→ 拌匀 → 灌肠 → 烘烤⎰

鸡腿蘑→分选→洗涤→烫煮→打碎 ⎰→ 冷却晾挂 → 成品

2. 制作方法

(1)原料选择 用检验合格的猪前后腿肉作为原料,剔除筋健、血管、皮、骨及淋巴组织,将肉切成 5 厘米长的薄片。鸡腿蘑选择肉厚、完整、洁白新鲜的,洗净备用。

(2)腌制绞碎 将食盐、白糖等均匀涂抹于肉表面,腌制 24 小时后,与其他辅料一同绞碎,放入斩拌机中斩拌,并控制肉温在 10℃ 以下。

(3)鸡腿蘑的处理 鸡腿蘑需经过热处理后才能添加入肉馅中。热处理通常采用热水烫煮方法,烫煮 5～8 分钟,打浆备用。

(4)搅拌填充 将菇浆加入肉馅中,搅匀至黏稠状,静置片刻即可填充。搅拌好的肉馅迅速倒入灌肠机中,真空条件下灌肠,然后用针刺排气,并用麻绳分节,每节长 20 厘米左右。

(5)烘烤晾挂 将灌好的香肠放入烘箱中烘烤 48 小时,使肠衣表面干燥,光亮呈半透明状,烘箱温度控制在 60℃,将制好的香肠放在通风良好的场所晾挂 30 天左右,即为成品。

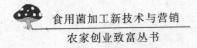
十、金福菇休闲类食品加工

1.工艺流程

原料整理→清洗杀青→漂洗切分→加入配料→装袋封口→灭菌冷却→检验成品。

2.制作方法

(1)原料整理 选用当天采收、无病虫害、八成熟的优质鲜金福菇为原料,并当天进厂加工。包装袋为耐高温高压、无毒的食品专用袋。配料有味精、优质酱油、白砂糖、精盐、辣椒等。剪去菌柄,留下的柄长不超过5毫米,剪口要平,然后置于清水中洗净泥沙等杂质,捞出沥干备用。

(2)杀青漂洗 在不锈钢夹层锅中放入5%的盐水,烧开后投入菌体,水菇比为10:1。水沸后继续煮6~8分钟,至无白心时捞出,立即放入清水中漂洗,进一步清除杂质,并用离心机脱水5分钟。

(3)调料配制 用不锈钢刀将金福菇切成3毫米厚的薄片。按100千克菌体加精盐900克、酱油1.2千克、白砂糖1千克、味精200克、清水10千克,若需辣味可另加干辣椒粉8克,与菌体拌匀,使调料充分渗入。

(4)真空包装 按每袋150克、200克称量小包装,用真空包装机抽气封口,抽气真空度应达49.03千帕。

(5)蒸汽灭菌 将装好的袋平整地放入钢丝篮里,再装入灭菌锅内。107.87千帕高压灭菌保持5分钟,减压出锅。如果用常压灭菌,温度应升至100℃保持2小时,自然冷却后出锅。

(6)成品检验 灭菌后逐一检查,拣出真空度不够、封口不严或有破损的袋放在一边,另作处理。其余的用纱布擦干袋表面水渍,然后抽样进行保温培养7天。经检验合格,即可装箱贴标签入库或上市。储藏期为5~6个月。

十一、膨化凤尾菇加工

1. 工艺流程

去杂清洗→干燥粉碎→过筛调料→膨化→成品包装。

2. 制作方法

(1)原料与设备 原料为大米、凤尾菇粉、白砂糖、食用植物油、食盐等。设备为膨化机、粉碎机、烘干机等。

(2)控制水分 混料过程中,水分含量对膨化产品质量有明显的影响,含水量在25%～35%时,膨化食品酥松均匀,膨化效果好,物料最佳含水量为30%。

(3)菇粉添加量 凤尾菇粉含量低于5%时,尽管对膨化效果影响不大,但产品色白味淡;当含量高于15%时,产品色黄至黄褐色,但膨化效果差,产品硬。因此,当菇粉含量在5%～15%时,膨化产品色淡黄,酥松可口,最佳含量为10%。

(4)产品营养分析 当菇粉含量为10%时,膨化产品中的总蛋白质含量为11.2%,比普通膨化产品提高43.6%;多糖含量为1.1%,比普通的膨化产品提高380%。另外,菇粉中还含有大量的矿物质元素、膳食纤维等,因此,凤尾菇膨化食品比普通膨化食品具有更好的营养保健功能。

(5)膨化机控制加工过程 膨化机螺杆转速为每分钟750转,机腔内温度为200℃时加工的产品质量最优。

十二、香菇柄肉松加工

我国香菇年产量大约40万吨,而香菇柄约占整菇重量的30%。香菇柄还含有大量膳食纤维及多种生理活性物质,有多方面的生理功能,用于加工制作香菇柄松,有着广阔的市场前景。我们为读者推荐李慧东研制的一种加工方法。

(1)原料配方 香菇柄(干)100千克、优质白色酱油5千克、

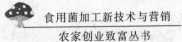
白糖 5 千克、花生油 3 千克、生姜 2 千克、茴香头 0.8 千克、葱 6 千克、精盐 1.5 千克、黄酒 1.5 千克、五香粉 1.2 千克、复合味精 0.2 千克。

(2)菇柄处理　选用无杂质、无虫蛀、无霉烂的香菇柄,切成 1 厘米左右的小段,然后倒入水槽内,加水浸泡 3～5 小时,浸泡过程中应经常搅拌,使其吸水均匀,并除去香菇柄上的杂质。香菇柄沥干水后,放在食醋中浸泡 5～6 小时,使香菇柄进一步软化。再将其倒入水中煮沸 5 分钟,并不断翻动,随后立即用冷水漂洗。

(3)煮制打丝　把香菇柄放入大锅中,加适量水用大火煮沸后,改用小火煮制 2 小时,用木棒捣散,取出香菇柄沥干,放入打丝机中打丝。再放入锅中文火烧煮,并不断翻炒,至香菇柄丝呈半干纤维状为止。

(4)调味拌匀　首先制备复合调味汁。锅中加花生油烧热,放入生姜炸片刻,加入酱油、精盐、茴香、白糖、黄酒及其他调料,用文火煮制 40 分钟。过滤后加入复合味精,即成调味汁。然后将炒至半干的香菇柄丝取出,放在竹筛上冷却后,加入复合调味汁拌匀。

(5)干燥搓松　将调味后的香菇柄丝放入微波炉中进行干燥,采用中等强度 10～15 分钟即可。再将上述香菇柄丝用搓板搓松至蓬松状,呈金黄色。按定量分装于塑料袋内密封保存,要防止返潮。

(6)注意事项　炒制时要注意受热均匀,用小火炒制,防止结团、炒焦;调味时要注意喷洒均匀,如果采用鲜香菇柄时,要在浸泡液中加入 0.03％ 的焦亚硫酸钠进行护色,防止香菇柄变色,影响产品质量。

十三、软包装美味木耳丝加工

(1)原料处理　选择无霉变、无虫蛀的干毛木耳作为原料,用清水清洗干净后,再放入清水中浸泡数小时(鲜耳可不用浸泡),将其切成宽 5 厘米左右的丝条,滤干后备用。

(2)配方　木耳丝 50 千克、精盐 1.5 千克、花椒粉 200 克、酱油 1 千克、植物油 400 克、白糖 500 克、红辣椒切丝 200 克、五香粉 100 克、清水 10 千克、味精 200 克。

(3)调煮　先将植物油烧熟,依次加入精盐、水、花椒粉、酱油等调料,烧开后再加入木耳丝,边加热边搅拌。煮约 20 分钟,至汤汁干状,即可出锅冷却。

(4)包装封口　采用复合蒸煮袋包装,外套彩印塑料袋。可用自动包装机装袋,也可手工装袋,每袋装量 100 克、150 克、200 克。装好后略压实,压出多余的空气,过秤并保持口袋干净,用真空封口机封口。

(5)杀菌冷却　将封好口的袋装产品,置于高压杀菌锅中杀菌,蒸气压力为 49 千帕,维持压力 20～30 分钟。冷却后出锅,经风干套上彩印塑料袋,封口。在 35℃～37℃下保温 6～7 天。

(6)检验装箱　将存放的产品进行检验,剔除胖袋、漏袋等不合格产品另作处理,合格品即可装箱入库。

(7)产品标准

①感观指标:毛木耳丝呈棕褐色,肉色鲜明,呈黑色或红棕色。具有毛木耳脆嫩滑爽的质地和滋味,无异味、无杂质。

②理化指标:固形物毛木耳丝占 95％,氯化钠为 1％～2％。

③卫生指标:不得检出致病菌,产品应符合国家食品商业卫生指标要求。

十四、银耳八宝粥加工

(1)原料处理　银耳清水浸泡 30～60 分钟,使其复水,洗干净,切成散花片状。莲籽、薏米仁、红豆、红枣、花生、白果、杏仁分别在清水中浸 1～2 小时,使其复水,洗去泥沙杂质等。其中花生

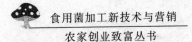
可用温水泡浸 30 分钟后去衣取仁,白果去壳后以 1‰~1.5‰氢氧化钠液、温度 60℃~70℃处理 20~30 秒钟,去衣后漂洗 30~60 分钟,以去尽碱液。

(2)配料调味 银耳 30%,糯米 20%,黑米、花生、缸豆、莲籽各 10%,白果、红枣各 5%。调味料取砂糖、精盐、味精适量。

将上述各种料配入清水加热至透心后,再加其他调味料溶解,在夹层锅内微沸约 15 分钟。

(3)装罐排气 罐号 7103,净重 383 克,装罐后进行排气密封。排气温度为 93℃~98℃,时间为 12~14 分钟,中心温度不低于 65℃,然后转入杀菌。

(4)杀菌冷却 杀菌式(排气)为 15′—70′—10′/121℃冷却,检验合格后入库,易拉罐保质期两年。

(5)产品标准

①感观指标:具有本品固有的滋味和芳香气味,无其他不良气味。口感滑润、甜而不腻、稠而不枯、脆而不硬。呈枣红色粥汤,白中带黑。外观形态大小均匀,为无烂散现象的粥胶状体。

②理化指标:总固形物≥11‰,pH 值为 6~7。

③卫生指标:不得检出大肠杆菌、致病菌,应符合国家食品卫生有关规定。

十五、草菇虾片加工

(1)原料 晚灿米 10 千克、草菇粉 1 千克。

(2)磨浆 将大米搓洗一遍,浸泡于 25 千克的水中 3 小时,磨成米浆,要求细嫩滑手。

(3)蒸皮 取竹制蒸笼一个,经洗刷后置于有水的锅内,但水不浸到蒸笼底部。蒸笼内铺上不漏浆的纱布,上盖蒸至上气。然后将米浆和草菇粉混合调匀,拌入适量米浆,放进上气的蒸笼布面上,厚约 0.5 毫米。上盖蒸 4~5 分钟,去盖用两手指从布的两端提起。将面皮朝里平铺于木板上，去掉纱布即可。

（4）晒皮　料皮冷却后具有一定的弹性，可逐张揭起晾晒于干净的竹席上。晒至六成干，每 5 张重叠扎成一小扎，用利刀或其他薄型刀切成等量规格各种形状的草菇片，晒干即成。

十六、油炸酥脆秀珍菇加工

1. 工艺流程

鲜菇整理→清洗切条→油炸分离→营养油→装瓶

　　　　　　　　　　　↓

　　　　　　　　干品→调味→酥脆菇→包装

2. 制作方法

（1）原料整理　选七八成熟，外形正常，无病斑、虫蛀，孢子未散发的新鲜秀珍菇作原料。剪去菌柄，分成单朵状，用清水快速冲洗干净，沥水后风干表面水分。如果菌体吸附水较多，可用离心甩干机除去大部分水，然后将菌体分瓣，单朵状。

（2）入锅油炸　选用精炼菜籽油，秀珍菇用量约为油脂重的 40％。油置油炸锅内，加热至 120℃～130℃，菌体装在金属网篮里放入油锅油炸。注意观察菇条变化，以调整油温，并稍加翻动确保受热均匀。油炸时间一般为 10 分钟左右，待产品呈金黄色、稍脆时停止加热，提出金属网篮，沥去表面浮油。

（3）加料调味　油炸菇干成品率为 30％～35％。可根据消费者口味，按比例加入调味料，如食盐、味精、蒜泥、姜末、辣椒粉、花椒粉、五香粉、酱油、白糖、柠檬酸等，可制成多种风味的脆菇干。

（4）真空包装　采用复合薄膜包装袋，容量 25 克、50 克、100 克不等。称量后的产品通过漏斗装入袋内，这样装袋的袋口不会粘上油汁，有利于真空封口，66.67 千帕真空度抽空热封。

（5）菇油装瓶　油炸秀珍菇后的油，含有营养丰富的菇浸出物，味鲜、香浓，经筛网过滤，冷却后直接装入消毒过的玻璃旋盖

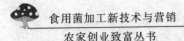
瓶,即为"营养菇油"。也可在菇起锅时,趁热放入少量调味料数分钟,待香料呈现深棕色、味浓时,捞出香料,待冷却后再装瓶,可得到"调味菇油"。

十七、茯苓酥糖加工

1. 工艺流程

茯苓→磨粉
糯米→磨粉 →制坯→切丝→炸制 →拌料→压块→开条、
红薯→蒸熟   切块→包装→成品
白糖、饴糖→化糖→过滤→熬糖

2. 制作方法

(1)原料配方 糯米20千克、鲜红薯12千克、茯苓粉2千克、菜油10千克、饴糖7.5千克、白糖12.5千克、熟花生仁4千克、熟芝麻1.5千克。

(2)料坯制作 将糯米淘净,浸泡12小时,沥干磨成粉,100目过筛备用。将茯苓去皮、切片、烘干、磨粉、过100目筛备用。将红薯洗净,上锅蒸透,剥去皮,切成小块备用。制坯时将糯米粉、茯苓粉与薯块混合揉匀,装入容器内压实后,切成4~5厘米见方的坯块,然后均匀摆入蒸笼中蒸透。一般掌握水沸后20~25分钟趁热柔和均匀,直到没有红薯硬块的斑点时取出,装入容器压成坯块。

(3)切丝油炸 将坯块切成6~7厘米见方的块,再切成3~4厘米厚的片,最后切成长6~7厘米的丝阴干。再将食油放入锅内,烧至170℃~180℃时,加适量的薯丝,炸至表面微黄,待用手能折断时立即起锅。

(4)熬糖拌匀 按500克白糖兑清水100克,水入锅后随即加白糖,搅匀溶化。再加入饴糖,混合溶化后过滤,滤液下锅熬至128℃~130℃,将油炸薯丝及熟花生仁倒入糖锅中拌匀。

(5)压块切割 将50厘米宽和长、高2.5厘米的木框放在案板上,用干净热水毛巾抹湿,按配方的比例将熟芝麻撒在底上,趁热倒入上过糖浆的薯丝和熟花生仁,迅速压平,再将表面及边缘压紧、压光。然后用刀将糖坯切成长、宽各5厘米的方块,每个小方块用虚刀切十字,不要切断,松开木框即为成品。

(6)产品标准 块形整齐,没有较大的断边缺角,厚薄均匀,酥脆化渣,不散不化,香甜可口。

十八、猴头菇软糖加工

1. 工艺流程

猴头菇→泡发漂洗→热水浸提→压滤取汁→煮糖调料→倒模烘干→成品包装。

2. 制作方法

(1)原料组分 猴头菇干品5千克,白砂糖30千克,80度的葡萄糖浆61千克,食用色素3.2克,柠檬酸适量,琼脂4千克,水40千克左右。

(2)提取菇汁 将猴头菇子实体洗净,入沸水中浸泡数分钟后捞起,用温水反复洗挤三次,除去苦味。然后再倒入水中煮1小时,用纱布压榨过滤,取其汁。

(3)煮制糖液 先将琼脂用冷水浸软洗净,沥水,和白糖一起入猴头菇汁中煮沸。待琼脂完全溶解后,捞去表面白沫,再放葡萄糖浆继续煮沸,直到102℃～108℃时停火。冷却到70℃～75℃时,加入柠檬酸、食用色素,充分搅匀。

(4)成形干燥 把经过煮制的混合糖浆在温度降到65℃时,倒入糖果模型中立即冷却凝结,然后置于50℃左右的烘房或红外线电烘箱中烘干、包装。

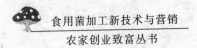
第四节 食用菌调味品加工技术

一、食用菌味精加工

利用双孢蘑菇柄和残次菇为原料,加工成食用菌味精,为食用菌加工变废为宝,也为创业致富提供了一条新路径。我们为读者推荐邵伟等(2008)的加工方法。

1. 工艺流程

蘑菇杀青水(过滤)

↓

抽提物上清液→浓缩→喷雾干燥→包装→检验→入库

双孢蘑菇柄→修剪→水洗去泥→粉碎→保温自溶→灭酶→离心分离

↓

菌柄渣

2. 制作方法

(1)原料处理 新鲜的双孢蘑菇切去菇柄,漂洗、护色后,放入沸水中进行杀青处理,收集蘑菇杀青水,用 120 目滤布过滤,以去除杀青水中的蘑菇碎片及其他杂质,备用。

(2)粉碎制浆 将菌柄上的菌托去掉,经过漂洗,去除菌柄上的泥土及其他杂质,捞起沥干。并按 1∶3 的比例加入纯净水粉碎,得菌柄浆。将菌柄浆调 pH 值至 6.0~6.5,并按菌柄浆重量的 1% 分批加入氯化钠。在 50℃~55℃、150 转/分钟的搅拌条件下,保温自溶 8 小时,并随时捞出泡沫。

(3)灭酶离心 自溶结束后,在 30 分钟内快速升温至 95℃,保温 10 分钟即可。然后将蘑菇细胞的自溶液离心 10 分钟,即为菌柄细胞抽提液。

(4)浓缩喷干　将菌柄细胞抽提液及蘑菇杀青水按1：1混合后,在浓缩罐中进行浓缩。当含水量达60%～70%时,趁热进行喷雾干燥。控制干燥塔进口热空气温度在160℃左右,出口热空气温度控制在80℃左右,浓缩液进料速度为10千克/小时,转头速度为12000转/分钟,即可得双孢蘑菇细胞抽提物固体粉末。

(5)检验入库　待抽提物粉末冷却后,按不同规格分装入袋密封即为成品,对成品随机抽样进行感观、理化、微生物指标的检验,合格后即可入库。

(6)产品标准

①感观指标:本品为黄褐色粉末,具有双孢蘑菇所特有的气味,口味鲜美,无异味。

②理化指标:固形物含量≥95%,总氮含量(克/100克)≥6.4,氨基酸态氮≥2.1克/100克。

③微生物指标:大肠杆菌菌群≤30(个/100克),不得检出致病菌。应符合国家食品卫生标准的有关规定。

二、香菇调味素加工

1.工艺流程

原料 →去杂 →粉碎 →调味 →包装。

2.制作方法

(1)去杂　由于原料是残次菌或菌柄,含有泥沙、木屑等,若不除去杂质而直接粉碎,势必影响成品质量。因此,加工前必须剪去蒂头,剔除木屑等杂质。

(2)粉碎　粉碎的细度是成品质量的一个重要因素,而细度主要决定于粉碎设备。一般的粉碎机细度只能达到60～80目,调入汤汁不能呈悬浮状,即使作为拌料,也因颗粒太粗而不能食用。为此,必须采用高速超微粉碎机,使产品细度达到200目以上。通过添加调味剂、食盐等制成调味料，也可直接掺入面粉中，制成香菇方便面、香菇饼干、糕点等风味食品。

(3)调味 将香菇粉、干燥盐、复合鲜味剂按 10∶2∶1 之比干态混合，复合鲜味剂可用目前市场上的特鲜味精。采用干态混合，以避免香菇粉在加工过程中损失及食盐对干湿度产生影响，成品应及时密封包装。

三、金针菇特鲜酱油加工

1. 工艺流程

原料处理 →过滤浓缩 →中和调料 →调配兑制 →澄清杀菌 →装瓶压盖 →成品装箱。

2. 制作方法

(1)原料要求 所用的原料为金针菇杀青水，要求新鲜洁净，加热至 65℃备用。若是在加工过程中使用过焦亚硫酸钠或其他硫酸盐护色的金针菇，其杀青水必须充分加热，以彻底排除二氧化硫的残余。

(2)过滤浓缩 加热处理过的杀青水，要经 60 目筛过滤，或经离心机进行分离，以去除金针菇残留下的碎屑及其他杂质。把滤液吸入真空浓缩锅中进行浓缩，真空度为 66.67 千帕，蒸汽压力为 147～196 千帕，温度为 50℃～60℃，浓缩至可溶性固形物含量为 18%～19%(折光计)时出锅。

(3)中和调料 加入柠檬酸预煮的金针菇杀青水，含酸量较高(pH 值为 4.5 左右)，应调整至偏酸性(pH 值为 6.8 左右)，然后再进行过滤。将桂皮烘烤至干焦后粉碎，再与八角、花椒、胡椒、老姜等调料混合在一起，用 4 层纱布包好，放在锅中加水熬煮，取其液汁，加入酱色和味精适量，制成调料备用。

(4)调配兑制 取浓度为 18%～19% 的金针菇浓液 40～43 千克，置于不锈钢夹层锅里，加入 8.0～8.5 千克的食用酒精，加热并不断搅拌,煮沸后加入一级黄豆酱油 9～11 千克、上述调料液 500 克、精盐 5 千克,继续加热至 80℃～85℃。

(5)澄清杀菌 将兑制好的金针菇酱油进行离心分离,以去除其中的微粒等,使之澄清,取上清液进行杀菌,温度 70℃,恒温 5～10 分钟。

(6)装瓶压盖 在澄清的酱液中加入酱体量 0.05% 的防腐剂,充分搅拌均匀后装瓶、压盖,贴商标、装箱即为成品。

(7)产品标准

①感观指标:菌体色泽黄褐,具有金针菇的特殊香味和滋味,无苦涩、无霉味、无沉淀和浮膜。

②理化指标:含有金针菇具有的营养成分,特别是氨基酸含量高。固形物含量为 18% 左右,pH 值为 5 左右,氯化钠含量为 17% 左右,防腐剂不超过总量的 0.05%。

③卫生指标:大肠杆菌菌群＜30 个/100 毫升,不得检出致病菌,应符合国家卫生标准 GB 2717—81。

四、香菇柄酱油加工

(1)香菇柄处理 先将合格的香菇柄置于烘烤箱中,于 75℃～80℃下烘烤 5 分钟,冷却后用破碎机破碎成颗粒状,颗粒大小应根据过滤的工艺设备而定,应有利于澄清过滤为准。

(2)浸泡加热 选用本色酱油加入 5%～8%(重量比)的香菇柄颗粒,混合后在常温下浸泡 24 小时。再将浸泡后的混合物,置于不锈钢夹层锅中搅拌加热,使混合物升温至 80℃,并维持 5 分钟。

(3)配料过滤 根据各地消费者的口味习惯,添加糖、酒、鲜味剂或香料等辅料,然后加热升温至沸腾,及时除去泡沫。经加热配制的半成品要趁热过滤,以除去香菇柄渣,滤液经冷却后静置澄清。

　　(4)检验包装　澄清后的酱油经检验合格后,采用透明玻璃瓶或聚丙烯热注成形瓶包装即为成品。

　　(5)产品标准　成品呈鲜艳的棕褐色,有光泽,酱香较浓,具有浓郁的香菇风味,味特鲜、咸甜适口、无异味。理化和卫生指标应符合国家食品商业标准。

五、蘑菇酱油加工

　　蘑菇酱油由商品盐渍菇的杀青水,或商品菇分级的菇脚料,通过煮汁,再加些辅佐料加工而成。其味美适口,稍有甜味,并含有鲜菇的特有鲜味。1吨盐渍杀青水或菇脚料,可生产1.5吨蘑菇酱油,经济效益高,其加工方法如下:

　　(1)原料配方　杀青水50千克、花椒75克、胡椒100克、八角150克、桂皮250克、老姜750克、添加剂2.5千克、砂糖5千克、食用红色素3克、盐1.5千克、柠檬酸50克。

　　(2)加工酿制　先将砂糖加水煮开,并加入0.6％的工业硫酸铵,待砂糖煮成片状时,加0.5％纯碱,但加碱时要停火,过几分钟后继续煮沸备用。将其他原料用4层纱布包好,放入杀青水中煮沸3个小时,待起锅时加入配制好的糖汁。熬好后再加入添加剂、食用色素混合均匀,片刻起锅,并用5层纱布过滤两次后装缸。待温热时,用波美度计测量至酱油盐度为18～20度时,加入柠檬酸即为成品。加入柠檬酸的目的是为了防止酱油表面产生白色斑点而影响酱油的质量。

　　(3)产品标准　成品直观呈棕褐色或红褐色,鲜艳并有光泽,有酱油香气及脂香味。体态澄清、无沉淀、无霉花浮膜。卫生指标是杂菌数每毫升不超过5万个,大肠杆菌菌群最近似值每100毫升不超过30个,符合国家食品卫生规定。

六、食用菌调味醋加工

食用菌调味醋是以食用菌为主料,经过提取,再加入辅料,接入醋酸菌,在适当温度条件下培养发酵,然后再加入调料、色素配制而成。

(1)原料组分　食用菌 5 千克,醋酸菌种子液 20 升,干五香籽 150 克,老姜 200 克,青糖 2 千克,添加剂 1.25 千克,酒精 1.75升,食盐 2 千克,食用色素 3 克。

(2)醋酸菌种培养　分斜面试管种培养和液体扩大培养两步。

①斜面试管种培养。试管培养基配方为葡萄糖 1%、酵母膏1%、碳酸钙 1.5%、酒精 2%、琼脂 2%、水 92.5%,pH 值自然(注意酒精应在各成分溶解后再加入)。培养基装入试管后,进行常规灭菌,然后接入菌种,在 29℃～31℃条件下培养 48～52 小时。

②液体扩大培养。液体培养基配方为酵母膏 1%,葡萄糖0.5%,水 98.5%,pH 值自然。先按配方制备液体培养基,方法是将上述成分混合后,装入 250 毫升三角瓶内,每瓶分装 80～100毫升培养液,常规灭菌后即成,然后接入醋酸。菌斜面试管种于29℃～32℃条件下,振荡培养 30～35 小时,菌种培养好以后备用。

(3)提取蘑菇体液　选择无病虫、无杂质的食用菌子实体,用水洗净,切成薄片。放入不锈钢锅内,加水煮沸,提取 1～2 次,经3 层纱布过滤,取滤液备用。

(4)接种发酵　将制备好的提取液和食用菌杀青水一起倒入不锈钢锅或铝锅内,加入青糖 1.5 千克,添加剂 0.5 千克,大火煮沸,用 5 层纱布将其滤入发酵缸内。温度降至 30℃时,接入酵母菌液体种子和酒精。然后用塑料薄膜封口,于 29℃～31℃温度条件下发酵,测定醋酸含量达 7%以上时发酵结束。

(5)调味杀菌 将上述已发酵好的醋酸液用3层纱布过滤，滤液放入锅内，再用纱布把已切碎的老姜和五香籽包好，放入锅内醋酸发酵液中，一同煮沸25分钟。待其味充分煮出后，再加入花椒油和青糖0.5千克、添加剂0.75千克，搅动使其溶解后，用5层纱布过滤。趁热在滤液中加入事先用1000毫升水溶解好的食用色素和防腐剂，并使其冷却沉淀。最后在100℃下取上清液，杀菌20分钟即为成品。

(6)产品标准 味道鲜美、酸甜、有特殊蘑菇气味，澄黄或淡黄色，无沉淀。

七、蘑菇杀青水制醋加工

(1)培养醋酸菌

①斜面培养基成分为葡萄糖1%、酵母膏1%、碳酸钙1.5%、酒精2%、琼脂2%，pH值自然。按常规方法灭菌、接种，置于30℃～32℃恒温中，培养48～52小时后备用。

②液体培养基成分为酵母膏1%、葡萄糖0.5%、蛋白胨0.5%，pH值自然，500毫升三角瓶装置80毫升。按常规方法灭菌后，在无菌箱中按培养基体积的4%加入95%的酒精，同时接入醋酸菌母种，置于旋转式(或者往复式)摇瓶机上200～220次/分钟，振荡培养28～35小时，恒温30℃～32℃。待抽样测定酸度达4克/100毫升时备用。若配有小型发酵装置，可用10千克血清瓶，添加部分成分，连续28～33小时即用。

(2)原料配方 双孢蘑菇的杀青水100千克、醋酸菌种子40千克、花椒油200克、五香籽200克、老姜400克、青糖3千克、添加剂4千克、酒精3千克、食盐4千克、柠檬黄3克、添加剂100克。

(3)生产工艺 先将上述原料按量备齐，把杀青水倒入铝锅内旺火烧沸，并加入青糖、添加剂，溶化后用3层纱布过滤入发酵室里的缸内。待其温度冷至 30℃时,加入醋酸菌种子、酒精,然后用薄膜盖住缸口,让其自然发酵。保持温度 29℃～32℃,发酵时间根据程度而定,至抽样测定醋酸含量在 7% 以上时,则发酵结束,过滤备用。

将老姜切碎、五香籽用四层纱布包好放入铝锅内,再将发酵液重新倒入铝锅煮沸 30 分钟后捞出香料包,调至微火后加入食盐、花椒油,并轻微搅动。停火后用 5 层纱布过滤入缸,趁机加入柠檬黄,测定酸含量降至 5 克/100 毫升时让其冷却,第二次过滤后,随即进行 20 分钟/100℃杀菌。最后定量装坛封泥,即为蘑菇食醋成品。

(4)产品标准

①感观指标:颜色淡黄色,有蘑菇香气,无不良气味,味道鲜美,酸甜俱全,体态澄清,无沉淀杂物。

②卫生指标:杂菌数不超过 5 万个/毫升,不得检出致病菌,大肠杆菌菌群近似值不超过 30 个/毫升。

③理化指标:按国家食品卫生规定的统一标准。

八、香菇糯米香醋加工

1. 工艺流程

等外干香菇及香菇柄→去杂剪蒂→清洗烘干→粉碎浸渍→蒸煮→ 分离 → 香菇渣 → 酒精浸泡──────┐
　　　　└─香菇液────────────────┘

优质糯米→浸泡淋洗→蒸煮冷却→加酒药糖化及酒精发酵→固态醋酸发酵→翻醋醅→测醋醅→加盐陈酿→淋醋→ 配制(生醋＋白砂糖)→加热灭菌→冷却澄清→检验成品。

2. 制作方法

(1)香菇液浸提　取无霉变的香菇柄和等外菇,剪去根部,用清水洗后烘干。经粉碎机粉碎,清水浸渍 4 小时,煮沸 2 小时,冷却后用离心机分离,滤液即为香菇液。香菇渣加 70 度脱臭食用酒精浸泡备用。

(2)原料处理　选糯米清水浸泡,冬季浸泡 24 小时,夏季浸泡 12 小时,再用清水淋洗沥干,装入蒸筐中置蒸锅上蒸至熟透,出锅冷却。

(3)糖化和酒精发酵　将冷却至 30℃～34℃ 的糯米饭置入发酵缸内,加 0.4‰ 酒药,淋冷开水拌匀,压实并在缸中间打一个洞。经 24～36 小时发酵培养后,待洞中基本充满酒液时,加入 3‰ 香菇提取液拌匀,3～4 天糖化基本结束。加入香菇渣酒精、6‰ 麦曲,淋冷开水后充分拌匀,控温于 26℃～28℃ 下发酵,当温度逐渐下降时,酒精发酵即告结束。

(4)固态醋酸发酵　将酒醪从发酵缸移入大缸中,加麸皮、谷糠各 80‰～85‰,再加发酵成熟的醋醅 20‰ 拌匀,保持醅料疏松,加盖麻袋进行醋酸发酵。当醋醅上层达 38℃ 以上时,进行第 1 次翻醅,以后每天翻醅 1 次,以调节品温达到高峰,但不宜超过 45℃。此温度下乳酸菌生长最旺盛,有利于提高食醋的风味。发酵后期品温开始下降。取样化验,连续 2 天测醋醅含醋酸量基本一致、酒精含量甚微时,醋酸发酵结束。

(5)加盐陈酿　醋醅成熟后,加入 3‰～5‰ 的食盐,以抑制醋酸菌活动,防止成熟醋醅过度氧化,影响醋酸产量。先将一半食盐放入醋醅上拌匀,另一半食盐撒在醋醅表面。第 2 天翻醅 1 次,接着再翻醅 1～2 次,压紧密封于常温下储存陈酿,时间越长,食醋风味越好。

(6)淋醋　将陈醋酿后进行淋醋,醋由缸底的管子流入地下缸里,淋出的醋为成品生醋。醋液流完后再加入上次淋醋的三淋水浸数小时,淋出的醋液为二淋水,供下次淋醋用。再加纯水浸数小时,淋出的醋液为三淋水,供下次淋醋用,如此反复,每缸淋醋 3 次。

(7)灭菌　生醋加入 3％白砂糖,经 80℃～85℃加热灭菌,冷却澄清,检验合格,定量灌瓶、压盖,贴商标,装纸板箱即为成品。

(8)产品标准

①感观指标:橙黄色或淡黄色,具香菇香和米醋香气,无其他气味,味美质鲜,酸味柔和,微甜,无其他异味,体态澄清,无沉淀,无悬浮物。

②理化指标:总酸(以醋酸计)＞6.0％,还原糖(以葡萄糖计)＞1.5 克/100 毫升,氨基酸态氮＞0.3 克/100 毫升。食盐含量 3％～4％。重金属含量应符合 GB 2760—81 规定。

③卫生指标:细菌总数≤50 个/毫升,大肠杆菌菌群最近似值 40 个/100 毫升,不得检出致病菌,砷(As)≤0.5 毫克/千克,铅(Ph)≤1 毫克/千克。

九、猴头菇保健醋加工

1.工艺流程

猴头菇液体培养基 $\xrightarrow{接猴头菇种}$ 摇瓶培养→过滤补料 $\xrightarrow{接酵母菌}$ →酒精发酵 $\xrightarrow{接醋酸菌}$ 醋酸发酵→加盐淋醋→过滤灌瓶→巴氏灭菌→密封陈酿→成品检验。

2.酿制方法

(1)液体培养基　取马铃薯(去皮)200 克,切成约 2 厘米见方的小块,放入烧杯中,加水 1000 毫升煮沸 30 分钟。煮好后用双层纱布过滤,弃渣取液,加 20 克蔗糖,补足水至 1000 毫升,pH 值自然,在 107.87 千帕压强下灭菌 20 分钟。

(2)猴头菇发酵液　按无菌操作规程,挑取经扩大培养的猴头菇斜面菌种,接入液体培养基的三角瓶中,置于 28℃恒温摇床上,转速为 150 转/分钟。

(3)制种曲　采取双菌种制曲,即使用沪酿 3042 米曲霉及中科 3350 黑曲霉两个菌种分别制曲。制曲时间控制在 40 小时左右,制曲品温保持在 32℃。

(4)发酵过滤　用双菌种分别制成的种曲,按 7∶3 比例混合加入猴头菇浓缩液发酵缸中和菇滤渣缸中,发酵 7～10 天。终止发酵后将浓缩液过滤,打入不锈钢加热配制罐中。发酵滤渣必须进板框压滤器过滤,将压滤液同样打入不锈钢加热配制罐中混合备用。

(5)勾兑调味　在不锈钢加热配制罐中,用 6 份猴头菇混合发酵液,加 4 份优质酱油混合均匀。加入事先用辛香料配好的调料袋,一起煮沸灭菌 10 分钟,然后调味加白砂糖 1%、味精 0.1%,再加 2%～3% 的酱色调色,加食盐到 18 克/100 毫升,调 pH 值不低于 4.8。最后打入储藏缸,灌装、贴标装箱入库。

(6)产品标准

①感观指标:红褐色或棕褐色,鲜艳有光泽;有酱香和菇香气,无其他异味;咸甜适口,风味醇厚;体态澄清,浓度适当,无沉淀、无霉花浮膜。

②理化指标:相对密度(20℃)不低于 1.2,总氮不低于 1.4 克/100 毫升,pH 值不低于 4.6,食盐为 16～18 克/100 毫升。

③卫生指标:细菌总数不得超过 1000 个/100 毫升,大肠杆菌菌群不超过 30 个/100 毫升,不得检出致病菌。

十、美味菌油加工

以香菇为原料加工成菌油,可保持香菇的原有风味和香气,市场前景广阔。

(1)原料选择　香菇要有铜锣边,以孢子未释放时为好,要求无病斑、无虫蛀,采收前 2～3 小时不得喷水。采收的装具不得用布袋、塑料袋,不得挤压,以防发热变质。同时还需选菜籽油、棉籽油、大豆油、棕榈油等不饱和脂肪酸含量高的原料油,以备混合加工或单独使用。

（2）清洗切分　剪去菌柄头部杂物、泥土等。用清水轻轻洗净后，用鼓风机快速风干表面水分。将菌柄、菌盖分切，最好掰成2～3片，菌柄纵切即可。

（3）油炸分离　油炸时添加量为油脂的40％～60％，添加量不足则油炸分离效果差，添加量过高又会影响以后加热的质量。操作时将油加热至冒青烟，即可放入2～4节葱，炝油除异味。先将菇柄沉入锅中，此时油温可由150℃降至120℃，将火调小。2分钟后再放入菌盖片，维持油温在110℃～120℃，稍加翻动，油炸6～8分钟，炸至菌体呈微黄而不脆的棕黄色、锅上无水汽时，立即提离油炸笼，将油和油菌迅速冷却。

（4）配料调味　在菌油离火时，加入食盐、胡椒、辣椒、花椒、蒜泥、五香粉等各类香料，制成各类风味的菌油。分离出的菌油，可拌入各类佐料制成麻辣、五香、糖醋风味的小食品、下酒菜、方便食品等配料。菌油不仅可炒菜、烧菜、炖菜，还可作凉菜、小菜、咸菜的调味油。用菌油加工鱼、贝、肝、肾等菜肴，无腥味、不油不腻，别具风味。

第五节　食用菌日用化妆品加工技术

一、灵芝洗发香波加工

1. 工艺流程

茶麸粉碎→水煮两次→沉淀过滤→滤液加灵芝浸膏→搅拌溶解→保温沉淀→取上清液→加活性剂→加发泡剂→加增稠剂→加增香剂→乳化灌装

2. 加工方法

（1）原料选择　选干燥无霉灵芝中的紫芝品种，浸泡软化后切片。茶麸（即油茶榨油后的渣饼）选当年新麸，其茶皂素含量

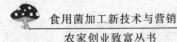
高,粉碎成粗粉。茶皂素是一种天然高分子表面活性剂,有去污、发泡、乳化、分散、湿润等作用,并有抗菌、消炎、去屑、止痒、镇痛、抗癌等生理活性,也是灵芝有效成分的良好载体。

(2)料水比例 因茶皂素易与水中的铅、镁、钡等元素生成沉淀,影响产品质量,所以煮料用水,必须是去离子水或蒸馏水,不能接触铁容器。灵芝与水每次比例均为 1:6,茶麸与水比例为1:4。

(3)水煮时间和温度 水煮灵芝每次 3 小时,茶麸 1~1.5 小时,首次水煮时间比第二次少半小时。水温为 80℃～90℃,过高会破坏其有效成分,并且透明度差。

(4)沉淀过滤 水煮后混合两次溶液,加速沉淀 24 小时,然后取上清液过滤备用。

(5)浓缩 灵芝按药用浸膏流程生产,首次浓缩到相对密度为 1.04,沉淀 24 小时再取上清液减压浓缩到相对密度为 1.3,加防腐剂分装备用。

(6)乳化灌装 按每吨茶麸上清液加灵芝浸膏 4 千克(相当于 40 千克干灵芝),加热混溶,在 40℃下保温 20 小时。取上清液过滤,然后分装入罐内即成。

二、银耳美白霜加工

银耳美白霜是以银耳、灵芝、茯苓浸提液为主要原料制成的一种润肤美容化妆品。

1.工艺流程

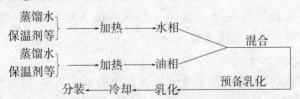

2.制作方法

(1)原料配方　原料包括银耳、灵芝、茯苓、羊毛脂、硬脂酸、白矿油、凡士林、甘油、蒸馏水、香精、山梨酸钾等。

①水相:蒸馏水 64 份,甘油 13 份,银耳、灵芝、茯苓浸提液4 份。

②油相:羊毛脂 5 份,硬脂酸 6 份,白矿油 2 份,凡士林 6 份。

(2)制备浸提液　称取干银耳 12 克、干灵芝 2 克、干茯苓 2克,放于装有 450 毫升的烧杯中,煮沸 2 小时,经 80 目筛过滤,得到 65 克提取液一;再向残渣加水 400 毫升,97℃浸提 1.5 小时,用80 目筛过滤,得到提取液二。将提取液一、二合并,即为银耳浸提液。

(3)加热搅拌乳化　先将水相置于 95℃水浴中,持续加热 20分钟,而后冷却至 75℃;再将油相置于 75℃水浴中,持续 20 分钟后,倒入水相中,在双向磁力搅拌器中加热乳化。

(4)配合调料　乳化已经完成并冷却至 50℃~60℃时,加入香精。香精是易挥发物质,成分复杂,温度高时很容易损失,当乳化完成并冷却至 50℃~60℃时,加入防腐剂山梨酸钾。

(5)快速冷却　在加入香精和防腐剂后,进行快速冷却,以便获得膏体软滑细腻的银耳美白肤霜。

三、茯苓润肤膏加工

(1)工艺流程

茯苓→研磨→茯苓粉→混合配制→静置→加香→冷却→成品。

(2)配方组分　液体石蜡 15 份,十六烷醇(鲸蜡醇)6 份,橄榄油 2 份,卵磷脂 1 份,N-月桂酰谷氨酸钠 1 份,对羟基苯基甲酸甲脂 0.2 份,香料 0.1 份,茯苓粉 0.2 份,水 74.5 份。

(3)制作方法　先选取无病虫、色泽乳白的优质茯苓,磨成粉

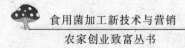
末,过筛去杂,即成茯苓粉。将上述配方中的各种组分一并加入液体石蜡中,加热至70℃时搅拌均匀,置于40℃条件下静置24小时后加入香料,充分搅拌均匀,让其冷却,再装瓶装盒即为成品。

四、灵芝营养霜加工

(1)配方组分

①油相:硬脂酸3份,单甘酯7份,白油(11度)5份,十八醇5份,鲸蜡醇3份,尼泊金乙酯(羟苯乙酯)0.1份。

②水相:甘油20份,苯甲酸钠0.15份,乳化剂0.5份,去离子水47.65份。

③添加剂:灵芝水提取液6份,磷脂色素适量,蜂蜜3份,鱼肝油适量,香精0.6份。

(2)提取液制备 选择无病虫、无杂质灵芝子实体,按比例称重,粉碎,加10倍量的水于50℃~70℃条件下提取3小时,再移入低温条件下静置24小时,然后过滤取滤液。在滤液中加入等量乙醇搅拌,再在低温下静置2~3天,使不溶物充分沉淀。再将上清液分离,并于上清液中添加1%的硅藻土,搅拌10分钟,过滤取其滤液,即为灵芝水提取液。

(3)加热乳化 将油相配料和水相配料分别加热至90℃,然后同时放入乳化罐中开始搅拌,至适温时加入除香精外的添加剂,温度降至55℃左右时加入香精,降至45℃时停止搅拌,冷却至室温时,即可装瓶储存或销售。

五、灵芝抗皱洗面奶加工

(1)实用配方 以下3种配方可以任选一种。

①灵芝、人参、甘草各提取物6份,缩水山梨醇单甘油酯3.2份,白油(11度)37.9份,蜂蜡3份,蒸馏水44.7份,植物抗氧剂、植物防腐剂、香精各适量。

②乙酰化羊毛醇2份,十六烷醇(鲸蜡醇)3.5份,单硬脂甘油酯1份,白油10份,灵芝、甘草、蒲公英水提取物6份,甘油5份,蒸馏水70份,香精、抗氧剂各适量。

③十八醇13份,羊毛脂0.8份,甘油8.7份,甘油单硬脂酸酯42份,吐温2.5份,抗氧剂0.15份,防腐剂0.2份,蒸馏水61份,灵芝、黄芪混合提取液3份,人参提取液0.5份,维生素 B_6 0.1份、香精适量。

(2)制作方法　将甘油加入水中加热至95℃,经20分钟灭菌后,冷却至80℃。所有油脂及乳化剂于同一容器中加热至80℃,加入水搅拌10分钟,降至45℃时加入人参、灵芝、甘草、水提物及抗氧化剂、防腐剂、香精搅拌,降至室温即可装瓶。

第七章 食用菌深层提取和药剂加工技术

第一节 灵芝孢子粉破壁工艺

目前我国在采用超细、CO_2 超临界萃取、酶解、冷冻干燥、抗氧化等高新技术与先进设备,从灵芝、猴头菇、姬松茸、银耳、香菇等食用菌中提取有效成分,为药剂和医药保健制品提供更好的原料,已经达到了可以全面推广的水平。

灵芝是我国久负盛名的药用真菌,其子实体可用于药。20 世纪 80 年代研究发现,灵芝子实体表层孕育着一层孢子粉,是一种新药源,但孢子粉由几丁质和葡萄糖双层构成的孢壁(多醣壁),质地坚韧、耐酸碱,极难分解,因此限制了人体对孢子有效物质的消化吸收。破壁后的孢子粉不但可作为保健品的原料,而且还可作为护肤用品的原料。它容易被人体和皮肤吸收,因此成为制药工业的一种时尚原料。

灵芝孢子粉的破壁方法,主要通过酶解法、物理和机械等方法。近年来,福建省机械科学研究院、福建省医学科学研究所和福建省食用技术联合开发总公司,共同研究成功采用 205 型灵芝孢子粉破壁机组破壁的方法。其破壁率可达 85% 左右,生产率均在 1 千克/小时,一般每天(按两班)生产 15 千克,年可生产 4 吨破壁灵芝孢子粉。我们给读者推荐蔡津生等(2008)研发的机械破壁装备及工艺。

一、设备与工艺

(1)基本设备　福建省机械科学研究院研制的设备主要有250 型孢子粉破壁机(咨询电话 0591－83357950)、仪器必备生物显微镜(FMED-6)、电光分析天平 CS-12 型、电子搅拌器 H. H. S11-2 型、恒温水浴锅、索氏提取器等。

(2)工艺流程　灵芝孢子粉→干燥处理→纯化→破壁→充氮包装→成品包装。

二、操作方法

(1)原料要求　收购的灵芝孢子粉要干燥,含水率要低于12％,无霉变、无杂质。

(2)孢子测定　采用激光散射式粒度分布测定仪,对孢子粉粒径分布和松紧度进行测定。一般灵芝孢子平均粒径为 7 微米左右,孢子粒的堆集密度为 1 克/立方厘米。

(3)真空干燥　孢子粉经过 50℃、10 小时真空干燥机干燥和180 目筛选前处理,要求含水率达 6％。

(4)上机破壁　将孢子粉投入物拌罐中,封盖后开动机械,破壁时间 20 分钟。在此期间要 4 次间歇停机、开盖,刮除粘壁的孢子,以增加孢子的破壁率。由于孢子内油滴外溢,破壁率掌握在85％±2％,以利包装。

(5)成品包装　把破壁后的孢子粉用胶囊型或铝膜袋通过充氮包装机封袋。根据市场需求分别为 100 粒/瓶或 12 粒×5 片/盒,铝膜袋 10 包/盒,外纸箱集装。

第二节　食用菌多糖提取工艺

食用菌多糖已广泛应用于免疫性缺陷病、肿瘤和各种慢性病

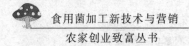
的临床治疗,效果良好,因此成为功能型食品和生物药品领域的重要制药原料,食用菌多糖提取也是食用菌精深加工的发展趋势。食用菌多糖的提取分为子实体萃取和液体深层发酵两种不同方式。这里重点介绍子实体提取多糖工艺。

一、设备与工艺

(1)基本设备 QF9Z-35A 爪式粉碎机,TDS700 型蒸煮锅,T250、T40 型蒸发回收罐,20 型压榨脱水机,GL-12 型高速离心喷雾干燥机组,XZS 系列振动分离机,FG160G 型高速研磨机,WSZ-300 型真空泵。

(2)工艺流程 清洗去杂→温水浸泡→机械捣碎→热水浸提(渣再浸提一次)→滤液浓缩→醇沉离心→精品酶解→脱色层析→醇液过滤→湿品层滤→滤液浓缩→醇沉过滤→低温干燥→成品包装

二、操作方法

食用菌无论是肉质还是非肉质的品种,从子实体分离提取多糖的方法基本相同。

(1)浸泡粉碎 选择无虫蛀、无霉变、整体食用菌的干品为原料,剪去硬蒂,洗净去杂,用温水泡发后,通过粉碎机捣制成米粒大小颗粒。

(2)水煮滤液 食用菌多糖属于水溶性,易溶解于热水中。先将粉碎的子实体颗粒放入不锈钢锅中,再加入 8～10 倍量的清水,煮沸浸提 1 小时,使子实体的多糖溶于水中,必要时可浸提两次。然后将上述水煮浸提液,用 4 层纱布过滤或用离心机分离,去残渣后取出滤液备用。如用水煮两次,则将两次分离液合并在一起备用。

(3)加热浓缩 子实体水煮液一般数量较大,多糖的含量较低,因此需要进行浓缩。目前浓缩的方法主要有加热法、真空法和真空浓缩法3种。前一种方法浓缩时间较长,效率较低,但不需专门设备;后两种浓缩时间短,效率高,但需真空浓缩设备。小量生产者目前主要采用加热法浓缩,方法是将水提液加热到100℃,不断搅动使其蒸腾,导致水提液中的多糖浓度逐步增大。当浓缩至原液的1/3左右时,停止浓缩。

(4)醇沉离心 先将浓缩液放在不锈钢桶内,然后加入浓缩液3倍量的酒精,使溶液的酒精浓度为73%左右。加酒精时应一边搅动,一边加入,使多糖能在均匀的酒精浓度下沉淀。酒精加入搅拌均匀后,应让其静置,促使多糖尽快下沉。当絮状物的多糖全部沉淀后,可用虹吸管小心吸去上清液,再将沉淀物过滤,或用离心法将沉淀物分离出来。

(5)干燥粉碎 将上述分离出的沉淀物——多糖,摊成一薄层置于搪瓷盘中,然后放入鼓风干燥箱内在65℃条件下进行干燥,或放入真空干燥箱内进行真空干燥。干燥后的多糖为结块状,应将其放入粉碎机中粉碎,然后经60目筛过筛后,即为糖粉。按市场需要的数量装袋、瓶装封口及小包装为商品多糖。

三、食用菌多糖提取实例

1. 香菇多糖提取

(1)工艺流程 香菇选择→清洗去杂→温水浸泡→机械捣碎→热水浸提(渣再浸提一次)→滤液浓缩→醇沉离心→粗品酶解→脱色→柱层析→醇沉过滤→湿品氧化铝层过滤→滤液浓缩→浓缩液醇沉→过滤→低温干燥→成品包装

(2)操作方法

①选菇浸泡。选择无虫蛀、无霉变的整体干香菇(包括菇柄)为原料,剪去硬蒂,洗去杂质,用温水泡发后,经捣碎机制成米粒大小的碎块。

②水提浓缩。将经粉碎的香菇碎块用 20 倍量清水保持恒温 70℃浸泡 5 小时,并不断搅拌,用 4 层纱布过滤,滤渣再重复浸提一次,合并浸提液,经减压浓缩,至浓缩物为稀糖浆状为止。

③醇沉离心。将 95％的乙醇,慢慢注入冷却后的浓缩液中,边加入边搅至完全混合均匀。当混合液中乙醇浓度约为 75％时,即可视为多糖析出完全。然后静置数小时后进行离心(3000 转/分),收集沉淀,减压干燥,研碎得粗多糖。

④酶解过滤。将粗品溶于蒸馏水中,加热至 35℃,趁热过滤,滤液保持 35℃恒温,边搅拌边加入蛋白酶,加完后保温 3 小时,酶解完毕升温至 80℃,维持 10 分钟,过滤。

⑤脱色过滤。上述滤液用氢氧化钠溶液调至 pH 值为 7.0,加热至沸,然后加入活性炭脱色,保持 15 分钟,过滤。

⑥柱层析。滤液调 pH 值为 7.0,过阴离子柱,收集流出液。调 pH 值至中性,过阳离子柱,收集流出液,最后过凝胶柱,收集流出液。

⑦醇沉过滤。向流出液中加入 95％乙醇,使混合物含醇量达 70％,静置数小时,过滤,洗涤,得湿品。

⑧氧化铝滤缩。湿品溶于 20％乙醇中,加热至 50℃,通过氧化铝层滤出,溶液过完后继续加热蒸馏水洗脱,收集流出液,减压浓缩。

⑨醇沉干燥。向上述浓缩液中加入 95％的乙醇,使混合物含醇量达到 70％,静置数小时,过滤,充分洗涤,低温干燥得成品。用自动称量、装袋、封口机进行小包装。

⑩产品标准。香菇多糖为浅灰色或浅黄色粉末,易溶于热水,稍溶于低浓度乙醇,不溶于高浓度乙醇、丙酮、乙醚、乙酸乙酯、正丁醇等有机溶剂。其水溶液呈黏稠状透明,在浓硫酸存在下与 α-萘酚作用,其界面处呈紫色环。水解前与费林试剂呈阴性反应,水解后与费林试剂呈阳性反应,产生棕红色氧化酮沉淀。

与酚硫酸反应后,其特征吸收峰为 490 毫米,将样品点于滤纸上,用试剂染色呈玫瑰红色,用甲苯胺蓝染色呈现蓝色。

2. 云芝多糖提取

我们为读者推荐液体深层发酵云芝多糖提取技术。

(1)摇瓶种子培养　摇瓶种子培养基为蔗糖 2%、酱油 2%、洋葱抽提液 0.3%、硫酸镁 0.1%、磷酸氢二钾 0.5%。灭菌、接种后,在 30℃下振荡培养 7 天。

(2)一级种子培养　培养基同摇瓶种子培养。在 15 升的小型发酵罐(种子罐)中培养,培养温度为 30℃,搅拌速度为 200 转/分钟,通气量为 1∶0.5,培养时间为 2 天。

(3)二级种子培养　培养基同摇瓶种子培养。在 250 升发酵罐(二级种子罐)中培养,一级种子罐培养的种子全部接入。培养温度为 30℃,搅拌速度为 200 转/分钟,通气量为 1∶0.5,培养时间为 2 天。

(4)发酵罐发酵　培养基配方为蔗糖 5%、酱油 5%、洋葱抽提液 0.67%、硫酸镁 0.05%、硅胶 0.1%、磷酸氢二钾 0.1%。把二级种子罐中培养好的种子接入发酵罐中,培养温度为 30℃,搅拌速度为 200 转/分,通气量为 1∶0.5,培养时间为 48 小时。培养基的 pH 值随着菌丝体的生长繁殖,从最初的 pH 值 5.5 左右逐渐下降至 pH 值 3.8 左右,其后又开始回升,黏度也逐渐加大。当达到黏度为 3.0、pH 值为 4.0、菌丝体量为 10 克/升左右时,发酵结束,即可以放罐。

(5)提取多糖　发酵结束后,在发酵液中加入 0.5%、pH 值为 3.5 的酸性蛋白酶(蛋白酶 G),在 45℃~50℃下处理 15 小时后,以压滤过滤,除去残渣。

将滤液减压浓缩到原量的 1/10 左右时,加入 0.1% 的活性炭进行脱色,再以压滤法过滤除去活性炭,加入 4 倍滤液量的乙醇使其产生沉淀,通过离心收集沉淀物。把沉淀物溶于 200 升水

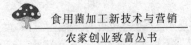
中,再用离心法除去不溶物,加入 4 倍量的乙醇使其产生沉淀。重复上述操作 3 次后,通过纤维素管在流动水中透析一昼夜,再用离心法除去不溶物,在溶液中加入 4 倍量的乙醇使其产生沉淀。通过离心法收集沉淀物,以乙醇洗涤,最后减压过滤,除去乙醇,真空干燥则可获得 3.8 千克的云芝多糖。

3. 金针菇多糖提取

金针菇深层发酵的菌丝体(也可用子实体),用 98℃ 热水浸提 3 次,合并 3 次浸提液,真空浓缩,然后用 3 倍体积 95% 乙醇沉淀,收集沉淀物,得粗制品金针菇多糖。将粗多糖溶于水中,离心弃不溶物,取上清液,按上清液体积的 1/9 加入无水酒精进行 10% 浓度纯析。在低温下静置过夜,离心,得 B_{10} 金针菇多糖;取离心上清液,按其体积的 6/11 加入无水酒精,同上法醇析,得 B_{45} 金针菇多糖;离心上清液再按体积的 3/8 加入无水酒精,同上法醇析,得 B_{60} 金针菇多糖;离心上清液再按其体积加等量的无水乙醇,同上法进行醇析,离心后可得 B_{80} 金针菇多糖。B_{10}、B_{45}、B_{60}、B_{80} 总收率可达 2.1%。

把斜面培养基上的金针菇菌丝体,按常规法接种在装有 50 毫升麦芽汁培养基的 250 毫升三角瓶中,放在 25℃ 的温度下静置培养 13 天之后,磨碎。在 500 毫升三解瓶中装麦芽汁培养基 200 毫升,灭菌冷却后,接入上述种子 3 毫升,在 25℃ 条件下,于 120 次/分往复摇床上培养 4 天。然后用过滤法或离心法除掉菌丝体,加入 4% 氢氧化钠,通过活性化的色层柱,再用 10 升的蒸馏水进行洗脱以后,把两次的洗脱液合在一起并进行真空浓缩至 1 升。边搅拌边加入醋酸铅,待重量比为 10% 时,放在冰箱里一个晚上,第二天早上把沉淀物通过 1 万转/分钟高速离心机,离心 15 分钟。

按照这种操作方法做 3 次后,把所得到的沉淀物溶解到 1 升蒸馏水中,充分通入硫化氢放置 2 小时。然后把活性炭薄铺在 2 号滤纸上过滤。滤液放在 65℃的温度下进行真空浓缩。一边不断地补充水分,待认为没有硫化氢时,停止冷冻干燥。则可得到 6.7 克的灰白色粉末。该粉末即金针菇多糖,商品名为 KM-45。

第三节　食用菌药剂加工

一、银耳抗肿瘤物质提取

银耳抗肿瘤物质提取技术日本研究得较多,目前国内主要有两种方法。

①取新鲜的银耳子实体 1.5 千克,放在乳胶绞磨机中磨匀,加水 800 毫升,在 85℃~90℃条件下浸 8 小时,再进行提取,残渣用离心法去除(3000 转/分,20 分钟)。每次用 300 毫升水,用同样的操作提取 3 次,把所有的提取液合并起来,减压浓缩至 600 毫升。把浓缩液装入玻璃管中,在流水里透析 48 小时,再减压浓缩至 400 毫升。这种浓缩液加入乙醇 2400 毫升之后,就会析出带灰白色的絮状沉淀。沉淀物用离心分离(4000 转/分,20 分钟),溶解于 600 毫升水中,用氯仿∶戊醇＝5∶1 的混合溶剂,振荡 5 小时,除去蛋白质,冰冻干燥可以得到带灰白色结晶的抗肿瘤物质 8 克。

②把新鲜的银耳子实体 1.5 千克,放在乳胶绞磨机中磨匀。加 1000 毫升水及 50 毫升甲苯,在 20℃~25℃时振荡 24 小时,同时进行提取,再用离心机(3000 转/分,20 分钟)除去残渣。每次用 500 毫升水和 25 毫升甲苯,用上述的相同操作再提取 3 次,合并所有的提取液,减压浓缩至 100 毫升,把这种浓缩液通过离子交换树脂柱,把 350 克的离子交换树脂填入直径 3.8 厘米、长度 150 厘米的玻璃管中,滤取洗出液 1200 毫升,并浓缩至 400 毫升。透析后以同样的操作方法进行提取,就可以得到抗肿瘤物质 7.8 克。

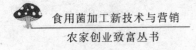
二、竹荪糖蛋白提取

1. 深层发酵培养菌丝体

(1)摇瓶种子培养 培养基由马铃薯汁、葡萄糖、酵母膏等组成,按常规操作,灭菌后接入菌种。置22℃～27℃恒温培养,振荡培养7天,摇床转速为200转/分。

(2)发酵罐发酵 发酵培养基与摇瓶培养基相同。用 BF-10-Ⅱ型半自动玻璃发酵罐,接种量为4%,通气量为0.25～2.5升/分,搅拌转速为60～600转/分,温度为23℃～25℃,发酵培养6天。

发酵初期菌液显微红色,到第4天后颜色逐渐消逝,伴随出现菌球,第6天菌球大量集聚,即到终点。如继续发酵,菌液慢慢变为白色,菌丝原生质稠厚,到第7天时偶有空泡,再继续延长发酵时间,菌液由白色转为褐色,空泡显著增加。

2. 菌丝体提取糖蛋白

将发酵至终点的菌液立即离心,滤渣用无离子水洗涤,冷冻干燥,称菌丝体干重,加入其重量20倍的0.4%氢氧化钠溶液,盛入灰层锅中升温至90℃～100℃,搅拌提取2小时。冷至室温用2%盐酸中和,使 pH 值达到7.0,离心分离得清液和残渣固形物。重复上述操作4～5次,将所得的抽提液合并。经浓缩后,透析(硫酸盐析亦可),最后用有机溶剂沉淀浓缩干燥,即得茶褐色粉末竹荪糖蛋白,产生率一般为菌丝体干重的2.5%～3.0%。

三、灵芝注射液加工

(1)提取滤液 取干灵芝子实体500克,切碎,加入10倍95%乙醇,在60℃水温中浸泡24小时,经常搅拌或摇动,用绸布过滤,得滤液备用。滤渣再加入原料8倍的85%乙醇,得滤液备用。滤渣再加入6倍的75%乙醇,得滤液备用。合并3次滤液,在 4℃～8℃ 环境中保存过夜,最后用减压蒸馏法回收乙醇,蒸馏温度控制在 60℃ 左右为宜。

(2)浓缩成酊 将回收乙醇后的滤液,倒入搪瓷盆中,用文火加热蒸发掉部分水分,直至 1000 毫升为止,即为 50% 的灵芝酊。

(3)脱色过滤 将上述灵芝酊加入 0.3% 的活性炭,煮沸 10 分钟进行脱色,然后过滤,滤液应澄明,冷却后搅拌均匀过滤。滤液加入 1%～2% 添加剂混匀,再用 10% 氢氧化钠调整 pH 值至 6.5 左右,在 4℃～8℃ 下保存过夜。然后将药液通过 G4 号玻璃除菌漏斗或除菌滤板进行过滤,如未达到澄明要求应再过滤一次。

(4)罐装灭菌 根据需要选定安瓿,用水冲洗干净,再用蒸馏水煮沸 30 分钟,甩干,装于密封容器内,在 180℃ 左右烘干灭菌 2 小时以上。将除菌过滤后的药液分装于此安瓿中,立即进行封口。然后将注射液用 100℃ 流通蒸汽进行灭菌 30 分钟。

如果用深层发酵法来生产灵芝注射液,则先把发酵液过滤,获取菌丝体,再按上述方法制作。发酵液的滤液可作其他用,如生产保健饮料等。

(5)产品标准 应严格按照国家医药针剂规定的各项指标检验。

四、蘑菇保肝片加工

保肝片是以生产蘑菇罐头的新鲜蘑菇水煮液经减压浓缩后,加入医药用辅料,喷雾干燥制成。保肝片含总氮量为 2% 以上,含氨基氮 1% 以上,用于急、慢性肝炎,血小板减少症的治疗,并用于营养不良和食欲缺乏等辅助治疗。

1. 生产流程

蘑菇预煮液(折光计 2%～4%)→过滤(60 目筛)→真空浓缩→过滤(60 目筛)→配料→加热保温→喷雾干燥→配料压片→

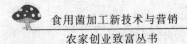
上糖衣→装瓶→贴标装箱。

2.制作过程

(1)真空浓缩 用121℃蒸汽加热,保持锅内真空度在78.8千帕下进行浓缩,使蘑菇汤浓度由2%～3%提高到30%,即可出锅。

(2)配料加热 取30%冷浓缩液100千克置于夹层锅中,顺序加入羧甲基纤维素钠1.5千克,拌和均匀后,加热至80℃保温30分钟。

(3)喷雾干燥 浓缩液经过配料加热后,及时送入保温缸,经高压泵逐渐喷入干燥室内,喷雾进风温度为160℃,出风温度为60℃～85℃。

(4)配料压片 压片前,10千克蘑菇粉加入0.6千克微晶纤维素、0.4千克白糊精和0.1千克硬脂酸镁。用适量蒸馏水拌和,制成粉状,再进行压片。

(5)上衣装瓶 菇片60千克加滑石粉18千克、白砂糖10千克、三氧化铁300克、川腊粉100～125克。白砂糖先加热水溶成60%浓糖浆备用,上糖衣温度应两头低、中间高,最高温度要达50℃。风与热要适当掌握,滑石粉与三氧化铁混合均匀后,与糖浆分9次浇入锅内,上糖衣时间不少于7小时。上糖衣后即装瓶、贴商标装箱。

(6)产品标准 应符合国家规定的医药制品各项指标。

五、猴头菇健胃片加工

猴头菇健胃片是采用人工固体培养法或液体培养法,以菌丝体为原料,经水煎、浓缩后,添加其他辅料制作而成。

(1)菌丝体培养 同猴头菇固体培养法的菌丝体培养一样,取78%甘蔗渣、20%米糠、1%蔗糖、1%石膏粉拌和,加水至72%左右,分装广口瓶内,经147.1千帕高压灭菌1小时后,待降温至

30℃以下时接种,控温 24℃～26℃ 培养 45 天左右,菌丝发满瓶后,挖出菌丝体晒干或烘干,备用,也可用液体深层发酵法获得猴头菇菌丝体。

(2)片剂生产　取猴头菇菌丝体,清洗去杂质后,用 2 倍干菌丝体重量的水浸泡,加热煮熬两次,每次 2 小时,过滤后取液汁。滤渣再以同样方法煮熬过滤,将两次滤液合并,浓缩至浓度为 1.04 千克/升(热测),沉淀 24 小时后过滤。滤液再经减压浓缩至浓度为 1.30 千克/升(热测),得浓缩液浸膏。其浸膏收得率约为 20%。再按每 100 克浸膏加淀粉 50 克拌匀,干燥后制成颗粒,加入润滑剂适量,压制成片。每片量 0.25 克,外包糖衣即成猴头菇菌丝片,一般每千克浸膏,可制成菌丝片 4400 片左右。

(3)片剂性状　本品为糖衣片,片心呈棕褐色,味微苦,密闭保存。有增强人体免疫力的功能。主治胃癌及胃溃疡、十二指肠溃疡、慢性胃炎等病,对食道癌也有一定疗效。用法与用量为口服一次 3～4 片,一日 3 次。

(4)产品标准　应符合国家规定的医药制品各项指标。

六、蜜环菌浸膏加工

蜜环菌浸膏是将食用菌通过深层发酵,提取有效成分加工而成的医用浸膏,它对治疗血管性头痛、神经衰弱、冠心病、脑动脉血管硬化等疾病均有一定疗效。

(1)菌种培养　斜面母种采用 PDA 培养基,接种后于 25℃～27℃下培养 15～20 天。摇瓶菌种培养基配方为麸皮 5%、玉米粉 0.5%、蔗糖 1%、磷酸二氢钾 0.15%、硫酸镁 0.075%,pH 值自然。在无菌条件下,将菌种接入装培养基 3500 毫升的三角瓶中,置于温度为 25℃～27℃、转速为 90～120 转/分的环境下振荡培养 96 小时。经培养后菌球充满培养液,形状不规则,大小一般为 2～3 毫米。菌液为淡黄色,菌香味浓。

(2)固体发酵 培养基配方为甘蔗渣 13％、玉米粉 4％、麸皮 8％,pH 值自然。在接种箱内取摇瓶菌种 10 毫升,接入装量 500 克的广口瓶中,在 25℃～28℃室内培养 35～40 天。瓶内发满菌索,菌丝灰棕褐色,菌索白色,发酵物不黏,呈较结实的块状,在黑暗条件下有荧光。

(3)工艺流程 发酵物→浸煮→过滤→沉淀→浓缩→检验→分装→成品。

(4)提取方法 取无杂菌污染的蜜环菌发酵物压滤,将菌丝体和发酵液分开,菌丝体按一定比例兑水。常压煮沸两次,每次 4～6 小时,过滤,合并滤液,残渣加两倍 95％的乙醇,醇析 24 小时,反复两次,减压回收乙醇,得醇析物。将醇析物和滤液一并转入发酵液中,压力 78.4 千帕,温度 65℃以下,减压浓缩至相对密度为 1.02 左右,沉淀过滤,取滤液浓缩至相对密度为 1.2,得蜜环菌浸膏。

(5)产品标准

①感观指标:浸膏为半流体,棕褐色,味微涩微苦。

②理化指标:相对密度(韦氏密度)为 1.2。含水量为 54％～57％,总氮含量 1.5％以上。不溶物检测采用稀释定量法,定时沉降,底部无焦块、无药渣和分层现象。

③卫生指标:应符合国家规定的医药制品各项指标。

七、银耳止咳糖浆加工

1.银耳菌丝深层发酵

(1)斜面菌种 PDA 培养基银耳母种,在 28℃下培养 5～7 天。

(2)摇瓶种子 500 毫升三角瓶装 100 毫升培养基,于 28℃,220 转/分旋转式摇床上振荡培养 36～48 小时。二级摇床种子以上述摇瓶种子接种,5000 毫升三角瓶装培养基 800 毫升,于 28℃

往复式摇床振荡培养 48～56 小时(振荡频率为 96 次/分)。

(3)一级种子 40 升不锈钢发酵罐(种子罐)罐体装培养基 24 升,接种量 5%(用二级摇床种子),于 26℃～30℃下搅拌通气,培养 48～56 小时。通气量为 1∶1,搅拌速度为 220 转/分。

(4)发酵罐发酵 500 升的发酵罐装培养基 300 升,接种量为 10%,在 26℃～30℃下发酵 72～96 小时,通气量为 1∶1,搅拌速度为 180 转/分。

2.银耳止咳糖浆配制

将银耳深层发酵液置于真空浓缩罐,减压浓缩至原体积的 1/5(真空度为 77.32～79.99 千帕压力,温度为 60℃～65℃)。然后按混合浓缩后的体积,加入 30% 蔗糖和 0.05% 尼泊金(防腐剂),在 100℃温度下,加热 30 分钟,用双层纱布进行过滤,待装。分装前将 500 毫升的小口瓶,经高压灭菌后,取出瓶子用消毒过的瓶盖旋上,以保证瓶内清洁,然后在洁净的条件下进行分装。

3.产品标准

①感观指标:汁液呈淡黄色或乳白色,透明,无沉淀,无杂质;口感清凉爽口,有银耳冰糖蜜汁固有的气味和滋味,无异臭、异味。

②理化指标:pH 值为 5.0,总糖为 31.2%,铅(以 Pb 计)<0.5 毫克/升,砷(以 As 计)不得测出,铜(以 Cu 计)0.1 毫克/升。

③卫生指标:致病菌不得检出,产品应符合国家医药制品卫生标准。

八、金耳胶囊加工

金耳具有多种药理活性物质,对人体有多种保健功能,特别是具有增加免疫力、抗肿瘤活性、防治心脑血管疾病、保护肝脏提高造血机能等作用,所以日益受到人们的关注。

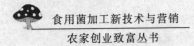
1. 工艺流程

斜面菌种→液体发酵→过滤→菌丝体 ─┐
                   ↓   ┝ →烘干粉碎 → 装胶囊 ─┐
          发酵液→浓缩 ─┘ →包装 → 灭菌 → 成品

2. 制作方法

(1)原料准备 菌种选用优质金耳斜面母种。培养基为葡萄糖、黄豆粉、玉米粉等,按常规方法配制液体培养基。

(2)液体培养 将金耳斜面菌种经活化后,无菌操作接入液体培养基中,在$(25\pm1)℃$下培养3天,罐压50千帕,通气1:0.8。

(3)压滤浓缩 将发酵产物用板框压滤机压滤,分成菌丝体和发酵液两部分。然后将压滤出的发酵液用真空薄膜浓缩或减压浓缩至热测相对密度为1.2。

(4)烘干粉碎 将压滤出的菌丝体与发酵浓缩液置于喷雾干燥室内,干燥热风,经3级过滤,达到10万级标准卫生清洁,通过冷风和气扫装置,避免萃取物挂壁熔化与焦化。也可采用烘烤房,在58℃～60℃温度下烘干,然后将烘干物粉碎,过100目筛后作为原料。

(5)装入胶囊 将上述原料直接装入胶囊或用适量食用乙醇制粒装胶囊。每粒胶囊干重0.3克。

(6)包装灭菌 将制好的胶囊用玻璃瓶或无毒铝膜复合袋定量小包装,密封袋口后,装入纸箱中,用Co60照射灭菌,置于阴凉干燥处保存,保质期为2年。

(7)产品标准

①感观指标:胶囊剂的内容物为棕褐色粉末,气芳香、味微涩、无不良气味。

②理化指标:营养成分为多糖6.47%、粗蛋白9.43%、总糖17.65%、粗纤维6.92%、碳水化合物68.63%、脂肪6.26%、维生素$B_1$16.28毫克/千克、维生素$B_2$34.3毫克/千克、维生素A

20.25 毫克/千克。

③卫生指标：应符合国家药品检验质量标准及药品卫生标准规定。

九、竹荪减肥口服液加工

竹荪多糖不仅有抗肿瘤、降血压和降低胆固醇的功能，而且能防止腹壁脂肪的积累，利用竹荪多糖研制成减肥口服液很受欢迎。

1. 工艺流程

竹荪干品→精选粉碎→常温浸泡→热水浸提

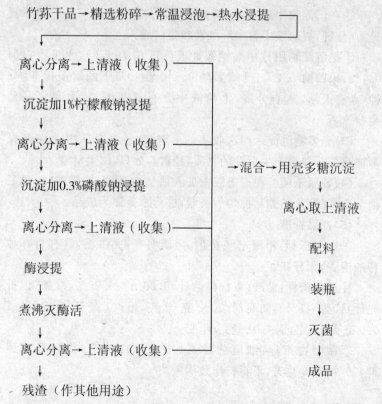

离心分离→上清液（收集）

↓

沉淀加1%柠檬酸钠浸提

↓

离心分离→上清液（收集）

↓

沉淀加0.3%磷酸钠浸提

↓

离心分离→上清液（收集）

↓

酶浸提

↓

煮沸灭酶活

↓

离心分离→上清液（收集）

↓

残渣（作其他用途）

→混合→用壳多糖沉淀

↓

离心取上清液

↓

配料

↓

装瓶

↓

灭菌

↓

成品

2. 制作方法

(1)原料处理 选未霉变、未用硫磺熏蒸过、无异味的干竹荪,用粉碎机粉碎,过80目筛,置清水中浸泡约3小时。

(2)浸提分离 为了使竹荪有效成分分离更完全,采用4级综合提取法:

①经处理的竹荪,于80℃～90℃热水中浸提1小时,离心分离,上清液中含有可溶性糖类、游离氨基酸、嘌呤及糖醇。

②在沉淀物中加1%柠檬酸钠(分析纯),于85℃～90℃下浸提1小时,离心分离,上清液中含有糖原及碱。

③在沉淀物中加0.3%磷酸钠(分析纯),于80℃～85℃下浸提10分钟,提取液中含半纤维素和蛋白质。

④把沉淀物用柠檬酸钠缓冲液(pH值为4.0)、木瓜蛋白酶0.1%、果胶酶0.2%、纤维素酶0.1%于40℃下酶解浸提50分钟,煮沸灭活,离心分离,上清液中含有氨基酸、肽类和氨基葡萄糖。

(3)壳多糖沉淀 四次收集的上清液,经混合后用0.01%壳多糖除掉一些易产生沉淀的物质,经离心分离,取上清液。

(4)装瓶杀菌 在浸提液中加入适量白砂糖、柠檬酸、少量尼泊金乙酯(羟苯乙酯),搅匀后装瓶,进行杀菌即为成品。

(5)产品标准

①感观指标:溶液呈淡黄色,澄清明亮,无沉淀,具有竹荪独特的清香,无异味。

②理化指标:总酸(以柠檬酸计)0.20%～0.25%,总糖(以折光计)10%～12%,防腐剂<0.2克/千克,铅<1毫克/千克,砷<0.5毫克/千克,铜<10毫克/千克。

③微生物指标:细菌总数≤100个/100毫升,大肠杆菌菌群≤6个/100毫升,不得检出致病菌。

第八章

食用菌加工产品的质量安全和营销

第一节　食用菌加工产品的质量安全

一、引用 HACCP 体系强化管理

《国家农产品质量安全法》的正式实施,标志着我国农产品生产加工逐步走上法制化轨道。解决食用菌产品质量安全问题,需要建立从产地到市场的全程质量控制系统和追溯制度。这是解决产品质量安全问题的根本措施,也是产品市场和企业生存的关键所在,因此,必须引起高度重视,应从各方面努力实现产品质量安全。

HACCP 是一种国际食品安全管理体系。HACCP 是英文 Hazara Analysic Critical Control Point(即危害分析及关键控制点)的缩写。它主要通过科学、系统的方法,进行作业过程危害分析(HA),确定具体预防措施和关键控制点(CCP),采取有效的预防措施和监控手段,以防止危害公众健康的问题发生,并采取必要的保证措施,从而确保产品的安全卫生质量。

二、建立无害化原料基地

我国现阶段家庭式生产食用菌,依然具有成本低的优势及长期存在的必然性,但家庭式生产中也存在设施简陋、管理粗放、生产不规范等问题,难以实现生产无害化标准。因此,建立无害化生产基地是确保食用菌产品安全性的基础,也是势在必行的措施。

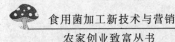
1.生产基地关键控制点

(1)栽培基质控制 目前,食用菌栽培原料主要以杂木屑及农作物秸秆等为主。若栽培原料取自富含汞矿或土壤中镉等重金属元素非常富集的地方的树木或农作物,或者取自有农药残留的农作物,其产品必会被某些对人体不利或有毒的化学元素污染。因此,对食用菌栽培原料必须进行"三项测定"(农残、重金属和病源微生物),霉烂变质和受污染、存在安全隐患的原料不得用作栽培原料。栽培基质应符合国家农业部 NY5099—2002《无公害食品 食用菌培养基质安全技术要求》的规定。

(2)产地环境控制 食用菌生产基地环境包括土壤、空气、水源3方面。近年来随着农业化肥、农药使用量增加和现代工业"三废"的大量出现,土壤富集重金属含量增大,这对于覆土栽培的品种,如双孢蘑菇、姬松茸、大球盖菇、竹荪等产品的质量安全产生了一定的影响。

无公害化生产基地在选择栽培场地时,必须进行土壤镉(Cd)、铬(Cr)、铅(Pb)、砷(As)、汞(Hg)等重金属元素的测定,必须进行空气中有毒有害气体和空气中悬浮物二氧化硫、氟化氮、氯气、二氧化碳、粉尘和飘灰等,以及水质水源的测定。生态环境应符合国家标准 GB/T184071—2001《农产品安全质量 无公害蔬菜产地环境要求》的规定。

(3)生产设施控制 培养室必须达到"四标准"(远离污染区、结构合理、无害消毒、物理杀菌),菌棚必须实施"五到位"(场地优化、土壤改良、菌床消毒、茬口轮作、水源洁净),栽培过程中必须做好关键点"五把关"(培养基灭菌、菌种纯化、发菌培养、出菌管理、病虫害防治)的工作。其中,喷洒用水的水质应达到GB5749—85生活饮用水标准,农药使用要严格执行 NY/393—2000《绿色食品,农药使用准则》,从而使整个生产过程处于安全控制之下,达到无公害目的。

2. 生产基地经济模式

食用菌品种非常多,加工企业不可能建立多个生产基地,而在一个基地中,又不可能从事多个品种栽培,这就带来了基地建设与企业发展不衔接的难题,因此,必须选择一个可行的行业经济模式,来解决这个难题。实践表明,较为理想的经济模式有两种,一种是加工行业联合体+生产合作社,另一种是加工企业+重点种菌大户。可通过这两种模式建立食用菌无害化生产基地。

组合式的无害化生产基地,建立产销关联,实行订单生产、价格定位、质量监控、统一运作,使生产者的利益在新的产销循环中得到保障,使企业在合作中有安全可靠的原料保障。基地运作中的违约行为、约束措施、行业纪律均要同步执行。

三、控制加工过程的各个环节

原料生产基地无害化仅仅是一个产品加工前提,在这个基础上要实现产品的质量安全,强化加工作业每个环节的安全至关重要。

1. 影响加工产品质量安全的因素

(1)加工前原料被污染　鲜菇遭受杂菌和虫害,菌体本身带菌、虫,采摘人员清洁卫生处理不好,储放鲜菇的工具、运输车辆不清洁等,都会使原料遭到污染。

(2)进厂后管理不善　鲜菇进厂后由于工人下班或碰上节假日工休而得不到及时处理,自热引起细菌繁殖,导致腐烂变质,从而使原料不符合标准要求。

(3)加工设施不合格　厂房车间布局不合理,四周环境不良,加工用具、杀菌炒锅等不合卫生标准。

(4)投入品不达标　加工用水的水质或添加剂用量等不符合标准。

(5)操作不规范　排气不充分,密封不严密,杀菌压力不够,时间不足等,均使残存的细菌继续存活,致使产品败坏。

2. 产品质量控制措施

(1)执行食品卫生法 食用菌加工厂必须严格遵守国家食品安全法,按规定申报领取和持有卫生许可证。

(2)健全厂房设备 厂房车间应结构科学、布局合理、配套齐全、排灌顺畅,流水作业、配套用具、操作员工等应符合卫生防疫要求,厂区2公里以内应无直接污染源。

(3)投入品严格把关 食用菌生产加工的投入品,应认真实施2007年国务院《关于加强食品等产品安全监督管理的特别规定》的第四条"生产者生产产品所使用的原料、辅料、添加剂、农业投入品应符合法律行政法规的规定和国家强制性标准"的要求。原料进厂时必须认真检查验收,对不符合卫生标准的原料不予接收;加工过程用水应符合GB5749生活饮用水卫生标准;辅料剂、添加剂等投入品的使用必须符合相关标准的规定和要求;食盐使用应符合GB 5461—1992国家标准;食品添加剂应执行GB 2760—1996《食品添加剂使用卫生标准》;包装物应符合GB 9688—1988《食品包装用品聚丙烯成形品卫生标准》的规定和要求。

(4)作业规范化 食用菌加工必须按照生产技术规程操作,单位员工必须身体健康,而且60%以上需持有国家职业资格证书,并进行培训上岗。凡有肝炎、肺部感染及其他传染病者、不注意清洁卫生者,都不能参加生产,以免污染产品。原料检验、产品加工、包装、储藏、运输等各个环节,都要制定严格的操作规程,定期检查,及时纠偏。

(5)产品趋向优化 加强企业质量管理科学规范,缩短中国食用菌产品技术、设备与国际先进水平的差距。加工企业必须通过ISO 9000质量体系的认证和食品安全QS认证。对产品质量安全进行承诺,各项产品必须通过省级以上无公害农产品认证或绿色食品、有机食品的认证,体现产品质量身份。

3. 产品质量安全的检验

为了提高对食用菌产品安全性的评价和检测,美国食品、药物管理局提出加工作业规范(Good Manufacturing Parctice, GMP)成为世界上所有国家食品生产都应遵循的工作规范。GMP 的着力点是对食品卫生质量,从最终加工制品的检测转为对生产安全过程的质量控制。通过 GMP 控制食用菌食品生产过程,可以使人为过失减少到最低程度,确保从原材料收购入库到加工制成商品出库的每个作业环节都安全可靠。为提高我国食用菌加工产品的质量安全,应推荐实施 GMP 管理,所有执行 GMP 管理的厂家,应在其制品包装上打上 GMP 标志,这代表着生产过程得到严格控制,象征着其产品安全可靠。

四、国内外食用菌卫生安全标准

食用菌产品质量安全主要是限制农残、重金属和病源微生物的含量,这里介绍国内外有关规定的控制指标。

1. 国内卫生安全标准

(1)食用菌卫生标准 执行中华人民共和国卫生部 GB7096—2003《食用菌卫生标准》,无公害食用菌卫生标准见表 8-1。

表 8-1 无公害食用菌卫生标准

项　目		指　标	
		干食用菌	鲜食用菌
水分(%)	≤	12	—
总砷(以 As 计)/(毫克/千克)	≤	1.0	0.5
铅(以 Pb 计)/(毫克/千克)	≤	2.0	1.0
总汞(以 Hg 计)/(毫克/千克)	≤	0.2	0.1
六六六/(毫克/千克)	≤	0.2	0.1
滴滴涕/(毫克/千克)	≤	0.1	0.1
干香菇水分	≤	13%	

注:本标准适于可食用的鲜的或干的大型食用菌,不适于银耳。

（2）**无公害食用菌卫生指标**　国家农业部颁发实施NY5095—5098—2002《无公害食品 香菇、平菇、双孢蘑菇、黑木耳》4个品种，NY5246－5247－2004《无公害食品 鸡腿蘑、茶薪菇》2个品种，计6个品种的干鲜品行业标准。香菇等6个品种无公害卫生标准见表8-2。

表8-2　香菇等6个品种无公害卫生标准

项目	最高允许值（毫克/千克）								
	香　菇		平菇	双孢蘑菇	黑木耳	茶薪菇		鸡腿蘑	
	干	鲜				干	鲜	干	鲜
砷	1	0.5	0.5	0.5	1	1	0.5	1	0.5
汞	0.2	0.1	0.1	0.1	0.2	0.2	0.1	0.2	0.1
铅	2	1	1	1	2	2	1	2	1
镉		0.5	0.5	0.5		1	0.5	1	0.5
亚硫酸盐	50			50		—		50	
六六六	—			0.1		0.1		0.1	
滴滴涕	—			0.1		0.1		0.1	
多菌灵	0.5		0.5	0.5	0.5				
敌敌畏	0.5		0.5	0.5	0.5				
百菌清	—				1				
氯氰菊酯	—							0.05	

（3）盐渍食用菌卫生标准

①福建产区盐渍食用菌行业卫生标准见表8-3。

表8-3　福建产区盐渍食用菌行业卫生标准

项　目	指　标
总砷（以As计）	≤0.5毫克/千克
铅（以Pb计）	≤1.0毫克/千克
亚硝酸盐（以NaNO$_2$计）	≤20.0毫克/千克

续表 8-3

项　目	指　标
食品添加剂	应符合 GB2760 的规定
大肠杆菌菌群　个/100 克	
散装	≤90
袋、瓶装	≤30
致病菌(沙门氏菌、志贺氏菌、金黄色葡萄球菌)	不得检出

②生产加工过程的卫生要求应符合 GB14881 的规定。

(4)罐头制品卫生标准　罐头产品质量标准包括感观指标、理化指标、微生物指标,罐型技术要求包括试验方法、产品包装、标志、验收运输、保管等技术条件和技术规范。

按照适用范围不同技术标准可分为国家标准(GB)、部颁标准(QB)、(WB)、(NY)。QB 为轻工业部标准,WB 为卫生部标准,NY 为农业部标准代号,此外还有地方标准和企业标准。食用菌罐头按不同品种制定标准,而卫生标准统一执行国家新制定的 GB7098—2003《食用菌罐头卫生标准》,详见表 8-4。

表 8-4　食用菌罐头卫生标准

项　目	指　标/(毫克/千克)
锡(Sn)	≤250
铅(Pb)	≤1.0
总砷(以 As 计)	≤0.5
总汞(以 Hg 计)	≤0.1
米酵菌酸(仅限于银耳)	≤0.25
六六六	≤0.1
滴滴涕	≤0.1

注:微生物指标应符合罐头食品商业无菌的规定。

(5)绿色产品农药残留限量标准　国家农业部 NY/749—2003《绿色食品　食用菌》标准,绿色食品食用菌农药残留最大限量指标见表 8-5。

表 8-5　绿色食品食用菌农药残留最大限量指标

项　目	指　标/(毫克/千克)
六六六	≤0.1
滴滴涕	≤0.05
氯氰菊酯	≤0.05
澳氰菊酯	≤0.01
敌敌畏	≤0.1
百菌清	≤1.0
多菌灵	≤1.0

2. 国际卫生安全标准

(1)农药残留限量标准　联合国粮农组织、世界卫生组织、农药残留法典委员会 1993 年 4 月 26 日公布,食用菌农药残留最高限量标准见表 8-6。

表 8-6　食用菌农药残留最高限量标准

农药名称	农药残留最高限量/(毫克/千克)
敌敌畏	0.5
毒虫畏	0.05
毒死蜱	0.05
甲基毒死蜱	0.01
甲基嘧啶磷	5.0
多菌灵	1.0
除虫脲	0.1
甲基氰菊酯	1.0
溴氰菊酯	0.05
氯菊酯	0.01
氰菊酯	0.1
苯恶威	0.1
丙氯磷	2.0
三胺嗪	5.0
烯虫酯	0.2
灭蝇胺	5.0
味鲜胺	2.0

(2)重金属最大限量标准　这里介绍欧盟食用菌类(非直接食用)重金属最大限量指标见表8-7。

表8-7　欧盟食用菌类(非直接食用)重金属最大限量指标

品名	砷(As)	铅(Pb)	铜(Cu)	汞(水银)(Hg)	锡(Sn)	镉(Cd)	锑(Sb)	硒(Se)
最大限量 4.2×10^{-6} (ppm)	1	2	30	0.05	250	0.2	1	1

(3)日本香菇鲜品农药残留最高限量标准　见表8-8。

表8-8　日本香菇鲜品农药残留最高限量标准

项　目	农药残留最高限量/(毫克/千克)
敌菌丹	不得检出
氯化苦	0.01
毒死蜱(三丁氯苄磷)	0.01
氯氟氰菊酯	0.50
溴氰菊酯	0.20
敌敌畏	0.10
狄氏剂	0.10
乙霉威	5.00
乙嘧硫磷	0.20
咪菌膊	0.50
杀螟硫磷	0.05
氰戊菊酯	0.50
甲硫威(灭虫威)	0.05
甲基对硫磷	1.00
甲氰菊酯	3.00
甲基嘧啶磷	1.00
禾草丹	0.20
甲基立枯磷	2.00
氯溴氰甲酯	0.05

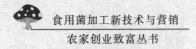
五、产品质量安全认证

食用菌产品质量安全认证分为无公害食品、绿色食品和有机食品3种类型。无公害产品是基础,绿色产品是无公害产品的升级,有机食品是质量安全的顶峰。3种类型按产品数量和质量排成金字塔形。

1.不同类型产品的对照

为了便于加工企业更好地掌握无公害、绿色、有机食用菌的生产和产品质量标准,特列出3种不同类型食用菌生产及产品对照。详见表8-9。

表8-9 3种不同类型食用菌生产及产品对照

项目	无 公 害	绿 色	有 机
概念意义	在无公害条件控制下产出的优质产品,其安全质量符合国家强制性标准的优质产品及初加工品	遵循可持续发展原则,按照特定生产环境和生产方式,产出的无污染安全优质产品	回归自然,按照自然法和有机农业措施及相应标准要求,产出的无污染、无残留、无毒无害优质营养型的产品
生产方式	按无公害生产技术规定生产,全程进行安全生产条件约束和控制	按绿色食品生产技术规程进行生产,按许可使用的原辅材料和添加剂限量使用,限定的化学合成物品	按有机食品农业生产要求标准和关键技术进行全程监控。禁止使用化学合成物质及转基因原料和种质
产地条件	栽培场地环境卫生要求,食用菌棚设施要求,空气质量要求,土壤质量要求,病虫害综合防治要求		
法规标准	按GB/T1840.7－1－2001《农产品安全质量,无公害蔬菜产地环境要求》,NY5099－2002《无公害食品 食用菌栽培基质安全技术要求》	按NY/T391－392－393－394《绿色食品、产地环境技术要求、食品添加剂使用准则、农药使用准则、化肥使用准则》4项标准执行	按有机(天然)农产品生产技术规范J/T80－2001《有机食品技术规程》和《有机农业转变技术规范》标准执行

续表8-9

项目	无 公 害	绿 色	有 机
质量认证	由省无公害农产品管理与认证部门审批	由国家农业部绿色食品发展中心审批	由国家环保总局有机食品发展中心（OFDC）审批
产品标志	无公害食品标志	绿色食品标志	有机（天然）食品标志
产品标准	按 NY5095—2002《无公害食品 食用菌》和 GB7096—2003《食用菌卫生标准》执行	按 NY/T749—2003《绿色食品 食用菌》，GB7096—2003《食用菌卫生标准》执行	按 FOAM《有机食品生产与加工基本标准》和 OFDC《有机食品认证标准》执行
市场准入	国内大中小城市农贸市场，一般农产品商场	国内外大中城市的超市和农产品商场	出口国外经济发达国家和国内大城市超市和特殊商场

2.申请认证应提交的材料

（1）无公害产品 申请产品认证的单位和个人应提交下列材料：

①《无公害农产品认证申请书》；

②无公害农产品产地认定证书；

③本地《环境检验报告》和《环境评价报告》；

④产区区域范围,生产规模；

⑤无公害农产品的生产计划；

⑥无公害农产品质量控制措施；

⑦无公害农产品生产操作规程；

⑧专业技术人员的资质证明；

⑨保证执行无公害农产品标准和规范的声明；

⑩无公害农产品有关培训情况和计划；

⑪申请认证产品的生产过程记录档案；

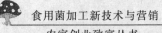
⑫"公司加农户"形式的申请人,应当提供公司加农户签订的购销合同范本、农户名单以及管理措施。

以上应提交的材料可通过省、自治区、直辖市人民政府农业行政主管部门申请产品认证,或直接向国家农业部产品质量安全中心申请产品认证。

(2)绿色食品 申请绿色食品认证应提供以下材料:

①企业的申请报告;

②《绿色食品标志使用申请书》(一式两份);

③《企业及生产情况调查表》;

④《农业环境质量监测报告》及《农业环境质量现状评价报告》;

⑤省委托管理机构考察报告及《企业情况调查表》;

⑥产品执行标准;

⑦产品及产品原料种植(养殖)技术规程,加工技术规程;

⑧企业营业执照(复印件),商标注册(复印件);

⑨企业质量管理手册;

⑩加工产品的现用包装样式及产品标签;

⑪原料购销合同(原件),购销发票复印件。

(3)有机食品 有机食用菌生产应按照国际 OCIA 制定的《OCIA 有机食品颁证标准》(1994)和《中国有机(天然)食品标准》(1995)和有机食品技术规范基本要求,申请认证时应提供以下材料:

①向有机食品认证机构提出书面认证申请,并提供营业执照或证明其合法经营的其他资质证明。

②申请有机食品生产基地认证的,还必须提交基地环境质量状况报告及有机食品技术规范中规定的其他相关文件。

③申请有机食品加工认证的,还必须提交加工原料为有机食品的证明、产品执行标准、加工工艺(流程、程序)、市(地)级以上

环境保护行政主管部门出具的加工企业污染物排放状况和达标证明,以及有机食品技术规范中规定的其他相关文件。

④申请有机食品贸易的,还必须提交贸易产品为有机食品的证明及有机食品技术规范中规定的其他相关文件。

3. 申请认证程序

3种类型的产品申请认证,均通过一定程序。绿色食品认证程序如图 8-1 所示。

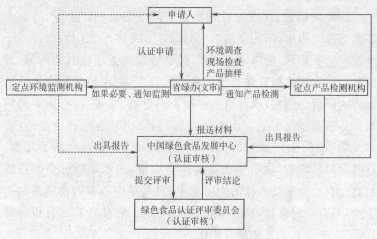

图 8-1 绿色食品认证程序

第二节 食用菌加工产品的营销

一、加工企业营销策略

1. 审时度势出奇制胜

高明的经营者都有一套出奇制胜的绝招,所以在激烈的市场

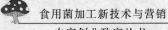
竞争中能立于不败之地,而科学的决策是赢得市场的决定性因素。上世纪90年代中期,南方诸省香菇生产发展较快,产品烘干加工上市供过于求,菇价暴跌。在市场动荡的非常时期,许多加工企业只好等待观望或停产,然而福建省屏南县一家企业的老总却另有谋划。他积极开拓香菇保鲜出口日本,打开鲜菇国际市场,每年获利超过百万元。这说明了高明的经营者的决策常常是别人意料不到的。

近年来福建、江西等省茶薪菇生产发展面积较大,产品绝大多数是保鲜应市,销往全国15个省区1000多个大中城市。由于经销商竞争激烈,价格自我下调,经营者就失去了应有的利润,形成被动。古田县闽联食品公司老总周诗连,利用当地特产米酒酿制后的酒糟为腌料,研制出了一种自然色红、味香、口感脆爽的糟制茶薪菇新产品。这一出奇的决策,创新出独有的特色品种,获得发明专利,使产品附加值提高5倍以上,企业利润翻了几番。这些典型的事例,说明了出奇的经营决策,必然取得可喜的经济效益。在当今千变万化的大市场中,尤其是中小型的食用菌加工企业,只有审时度势,在竞争市场中自主创新,使产品迎合市场时尚需求,企业营销才能越办越活。

2.运用推拉促进销售

促进销售,简称为促销。它是指加工企业通过人员或非人员的方式,传递产品信息,帮助或说服顾客购买本厂的产品,或使顾客对产品产生好感和信任的一种营销活动。它与产品策略、价格策略、销售渠道策略同等的重要,是企业经济活动的基础,只有通过有效的促销手段,才能搞活产品市场。

各地的成功经验表明:食用菌加工产品的促销主要采取推和拉两种手段。

①推的策略。这是指企业通过人员把产品推进目标市场,也

就是由加工厂推向批发商,批发商又推向零售商,零售商再推向消费者,层层做说服进货或购买工作。

②拉的策略。拉的策略又分为两种。一种是指企业运用报纸、杂志、广播、电视、广告牌等媒体,向广大消费者介绍本厂产品质量、性能、食用方法及产品声誉等,引起广大民众关注,拉动消费,扩大销售。另一种拉动促销法是指企业积极参与各种展销会、订货会、交易会、博览会等活动,让产品与更多客户见面,从而扩大客源。例如,每年春秋两季,在广州举办的中国出口商品交易会和在厦门举办的海峡两岸经贸洽谈会,都是产品推向世界市场的平台。另外,还可以采取邀请有关经销商来厂参观、考察,争取让更多的人认识自己的产品,从而达到促销目的。

3. 制定产品的合理价格

(1)产品定价的重要性　产品定价是企业营销中一个很重要的策略。它直接关系到市场对本厂产品的接受程度,关系到产品在市场上的竞争地位,影响着市场需求量,即本厂产品销售量大小和企业利润的多少,从而关系到企业的生存和发展。产品价格的高低涉及生产、经营者和消费者三方面的利益。因此,产品定价是企业市场营销策略中一个极为重要的组成部分。

随着市场经济的深入发展,企业作为自主经营、自负盈亏的独立法人,享有定价权利。而产品定价要求恰当,价格定高了,客户或消费者不愿意买;价格定低了,影响企业经济效益。所以加工企业要研究定价策略,制定出客户或消费者都能接受的价格。

(2)合理定价方法　现有经营较好的厂家,其定价多采用成本定价法、市场需求导向定价法和竞争导向定价法 3 种方法。

①成本定价法。以产品的单位成本作为定价的基本依据,加上一定的利润比例来制定产品出厂价,这种方法比较简要,能保证企业获得利润。

②市场需求导向定价法。它主要以消费者对产品价值的认识程度和需求程度,作为依据来制定价格。

③竞争导向定价法。它以同行竞争对手同类型产品的价格为依据,来制定本厂产品价格。

(3)新产品定价策略 新产品若是仅此一家,无竞争对手的品种,可采取以下3种方法定价:

①高价法。对其他产品代替不了的品种,可以采取高价法,满足特殊消费者的需求。

②低价法。产品刚进入市场时,把价格定得很低,企业薄利,甚至亏本。由于价低,消费者对竞争对手的产品可能不感兴趣,这样我们的产品就可以大量渗透市场,扩大销量,而进入批量生产后,单位固定费用降低,企业亦可获得利润。

③同物多种定价法。某一产品因包装、商标、销售对象不同,可采用出厂价、批发价、内销价、优惠价及特种价等,视销售情况的变化而灵活掌握。

④满意定价法。指的是对所定的价格批发商、零售店、消费者都感到较为满意。许多企业的新产品采用这种定价法较为理想。

4.努力营造品牌优势

现代消费市场品牌意识很强,同样的食用菌产品,同样的包装方式,但不同品牌产品的价格竞相差好几倍,显示了不同的品牌效应。前些年南方某省有个菇农在昆明市郊创办了一个金针菇栽培场,每年栽培5万袋,鲜品售价每千克8～10元,年获利5～8万元。后来河北省"灵洁牌"白金针菇打进昆明市场,小包装每袋150克,售价5元,很受消费者欢迎。品牌冲击了原有散装黄色金针菇的价格,使之由原来的8～10元降到4～5元,甚至更低,而消费市场尚显疲软。

品牌产品质量安全卫生有保证，产品分级明显，外观整齐，这是关键点，同时讲究包装精美，富有吸引力。品牌、商标的设计必须符合国家商标法规定的要求，并力求构思新颖，造型美观，发音简捷，独具特色，寓意深刻，艺术性强，与其他商标有明显的区别，在所有商标中独树一帜；适应民众视觉要求，给消费者留下美好的印象和深刻的记忆，从而使其增强对产品和企业的信任感。

二、产品市场定位和网络队伍建设

1. 产品市场定位

食用菌产品的去向，内需约占80%，而在大中城市的北京、上海、天津、武汉、长沙、西安、杭州、广州、深圳、成都、重庆等销售量占50%。其中北京是全国食用菌消费的最大城市，人均消费达7.65千克/年。围绕京都的省市包括京、津、冀、晋、鲁、豫、辽、内蒙古等，形成一个消费环。2008年6月，中国食用菌商务网、食用菌市场编辑部组织20人进行为期4个月的调查，了解到环北京地区的食用菌主要经销地，集中在大中城市农副产品批发市场，其中鲜品销售规模最大的为北京中央粮油品批发市场，有食用菌批发商40家、门面29个，日销鲜品300吨，年销量超过10万吨。干品销售规模最大的为北京锦绣大地农副产品批发市场，有批发商90家，日销量为100吨左右，年销量达3.6万吨。北京的农产品批发市场还专门设立"食用菌批发一条街"，达到一定销售规模的品种有16种。据调查资料测算，北京市食用菌年销量达50万吨以上。由此看来无论是现在还是将来，中国食用菌销售市场的定位，都应瞄准大中城市，消费对象是"永久牌"的居民菜篮子。

2. 营销网络的建设

现有食用菌经销商的产品流通网络，主要有农副产品批发市场、物流配送中心、超市连锁店和农贸菜市4条渠道。

(1)农副产品批发市场 这里的食用菌批发商都有一张撒向各地的小批发站、商场和零售店的网。山东省滕县蔬菜批发市场日吞吐香菇、银耳、黑木耳等干品超过 100 吨。这个批发市场的产品,辐射到周边各县中型批发市场。福建古田食用菌批发市场建有 3000 平方米产品交易大厅,有铺面 110 间,上市交易的食用菌产品达 30 多种,日均人流量达 5000 多人次,年交易 1.6 万吨干品,交易额达 5 亿多元,被国家农业部定为全国定点市场。国内各产区食用菌进场交易,国外商洽成交出口,配有市场信息中心(咨询电话 0593－3816108)。

(2)物流配送中心 物流配送中心的产品,主要面向餐饮行业,如宾馆、饭店、酒楼、餐厅,以及工厂、机关、医院、学校食堂,其品种以产品保鲜、速冻品为主,季产年销的品种以盐渍和罐头制品为主,亦有少量储备干品。其食用菌品种主要有传统的草菇、金针菇、珍珠菇、黑木耳、双孢蘑菇、大球盖菇、秀珍菇、凤尾菇等,时尚珍稀食用菌有白灵菇、杏鲍菇、金福菇、姬松茸、猪肚菇、灰树花、鸡腿蘑、茶薪菇、竹荪、猴头菇等。

(3)超市连锁店 近年来各大中城市的超市形成集团连锁,直接与产地加工厂建立食用菌供销关系,实行订单农业。按照指定品种日供货量、质量和包装要求,进行直接挂钩,不经任何中间经销商,可降低成本。超市营销产品主要有 3 类:

①保鲜品,塑盘包装,品种讲究形、色方面,诸如白灵菇、双孢蘑菇、草菇、白金针菇、鸡腿蘑、珍珠菇、金福菇、秀珍菇等。

②干品以精美彩印袋小包装,如黑木耳、毛木耳、银耳、香菇、猴头菇、竹荪、杏鲍菇片、茶薪菇等。

③食用菌类美味食品、饮料、调味品以及功能型保健食品。

(4)农贸菜市 食用菌已进入蔬菜行列,全国大中城市所有菜市场均有食用菌一席摊位,尤其县级农贸市场,全国有 2000 多家;食用菌已成为现代都市民众日常"菜篮子"必购品种之一,多以速冻鲜品和盐渍品为主。

3.培养一支卓越的销售队伍

加工企业产品能否打进市场,并逐步扩大阵地和增加销售额,其中销售人员有着很重要的作用。世界 500 强企业的销售员普遍拥有的 12 项销售能力,对国内企业的销售能力管理及销售能力的提升有所帮助。现将这 12 项基本能力介绍如下:

(1)建立良好关系　良好的人际关系,表现为具有与客户建立良好关系的意识。运用生动倾听的技巧,建立信任感和理解客户的需要;认可并感谢客户在经销本企业产品中所作的贡献;理解为客户提供优质服务的原则和价值,使客户产生友好的亲切感。

(2)掌握谈判技巧　利用销售机会最大化方式与客户谈判,在销售过程中注意发现客户需求,主动作系列性产品介绍,促使现有客户增加购买本厂产品的机会。谈判中本着诚恳、理解、谦让、双赢的精神,促使交易顺利成交。

(3)寻找机会学艺　了解并应用开放式提问和指导的技巧,与同事、客户和经销商进行非正式的一对一的互动关系;认识自身学习需求,并寻求帮助;把握学习机会,迅速从实践中学习营销技艺。

(4)分析和解决问题　利用一切相关及可得到的信息,找出关键问题和机会,确定问题的成因,并寻求解决问题的方法;加强与客户的联系,通过提出问题找出客户问题所在,迅速、准确、设身处地地对客户的问题作出反应;运用现有工具、资源和指导手册,解决客户较简单的问题。

(5)客户价值定位　通过有选择性地推荐本企业的产品、服务及后勤保障,保持和发展新业务;描述产品在同类市场上的特征、优点及应用;在同类市场上向客户解释我们的客户服务定位,向客户提合适的问题,以便从中得到更好的认可。

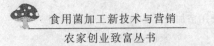
(6)强化业务意识 通过信息和技术管理,确定业务的利润率和竞争力;在销售经理的帮助下,为制订不同业务及主要客户的销售计划作出自己的努力;进一步学会如何获得业务,并找出业务中存在的问题;熟练使用计算机应用软件,在业务实践中,具有业务和财务管理的意识。

(7)拜访发展客户 发展对客户及其需求结构的深层了解,通过计划和优先排序,对时间进行最有效的利用;按重要性和紧迫性对拜访客户目的、拜访客户的频率进行计划;实行拜访后分析,了解客户或最终用户的需求;了解谁是客户企业中的决策人和有影响力的人。

(8)增强市场意识 在所有业务活动中,通过对市场和外部环境的充分了解,争取竞争优势;体现出对市场、客户类型和市场领域的主要竞争对手的了解。

(9)努力实现目标 对取得"保底"业绩负责,了解主要业绩衡量方法,接受分工、业绩和效果的责任,努力实现目标。

(10)树立团队精神 为团队作贡献,信守承诺、体现热情和亲和力,与他人和睦相处。

(11)加强自我管理 有较高的个人标准,为自身的发展负责;根据任务的重要性和紧急性,提前制订活动计划;了解最新的工作动态,听取建议和反馈,表现良好的个人风貌;及时收集编写市场动态报告,力求清晰、言简意赅、语法正确;无论何时都要安全行事。

(12)开拓创新精神 寻找途径改善业务,为客户提供增值服务;准备尝试新方式,承担经过仔细权衡的风险;以热情和责任感接受并实施新的主张。

三、出口内销业务的基本要求

1.产品市场准入条件

国家商务部 2007 年 1 号文件公布《流通领域食品安全管理

办法》(2007年5月1日起实施,以下简称为《办法》)。《办法》第七条第一点中规定"协议准入制度",指出市场应与入市经销商签订食品安全保证协议,明确安全责任,建立直供关系。食用菌产品市场准入分为国际市场准入和国内市场准入两方面。

(1)国际市场准入条件 出口食用菌产品主要有以下3项国际市场准入条件:

①内在品质。制成品应符合国际市场的安全卫生要求,即WTO组织的SPS(实施动植物卫生检疫措施协议)规定的检测项目和卫生指标。

②外在品质。符合国际市场分类标准,即WTO组织的TBT(贸易技术壁垒)的有关规定。

③标志规范。制成品标志要符合国际市场认可的、可追溯管理标准的要求。可追溯管理的核心内容是规范化作业记录,要有专职的质保人员,对生产加工过程进行专职作业。

(2)国内市场准入制度 我国2001年建立了食品质量安全市场准入制度,并将食用菌与蔬菜等食品一样,推行市场准入制。这项制度包括3项内容:

①生产许可制度。要求食用菌生产加工企业具备原料进厂把关、生产设备、工艺流程、产品标准、检验设备与能力、环境条件、质量管理、储藏运输、包装标志、生产人员等,保证产品质量安全的必备条件,取得生产许可证后,方可生产销售食用菌产品。

②强制检验制度。强制要求企业产品必须经检验合格再出厂销售。

③市场准入标志制度。要求企业对合格产品,加贴QS(质量安全)标志,对产品质量安全作出承诺。

2.食用菌出口商品编码

国家海关总署要求食用菌加工产品出口统一商品编码见表8-10。

表 8-10　食用菌加工产品出口统一商品编码

产品名称	商品编码	产品名称	商品编码
伞菌属蘑菇	07095100	鲜或冷藏块菌	07095200
鲜或冷藏其他蘑菇	07095990	鲜或冷藏草菇	07095940
盐水松茸	07115911	鲜或冷藏香菇	07095920
鲜或冷藏松茸	07095910	鲜或冷藏其他蘑菇	07095990
盐水其他蘑菇及块菌	07115919	盐水小白蘑菇	07115112
其他非醋制或保鲜伞菌	20031090	盐水其他伞菌属蘑菇	07115119
属蘑菇		干伞菌属蘑菇	07123100
干银耳	07123300	干金针菇	07123920
干木耳	07123200	干牛肝菌	07123950
小白蘑菇(洋蘑菇)罐头	20031011	干香菇	07123910
其他伞菌属蘑菇罐头	20031019	鲜或冷藏香菇	07095920
其他蘑菇罐头	20039010	鲜或冷藏金针菇	07095300
未列名干蘑菇及块菌	07123990	冬虫夏草	12119016
天麻	12119022	干草菇	07123930
茯苓	12119029	干口蘑	07123940
冷冻松茸	07108010	未列名用于药料(包括灵	12119039
蘑菇菌丝	06029010	芝)	

注:资料来源为国家海关总署统计目录。

3.产品包装运输要求

(1)食用菌加工产品的包装　食用菌产品包装应执行国家农业部 2006 年 11 月 1 日颁发实施的《农产品包装和标识管理办法》。商品包装好坏,直接关系产品质量及其对消费者的吸引力。我国在食用菌产品的包装方面,近年来特别注重安全卫生、环保的科学包装。

①区别销售对象。食用菌产品包装首先要根据销售对象,通常分为业务用包装和民用包装两种。

业务用包装对象主要是众多餐饮业和各类食品加工厂、罐头加工厂以及保健产品加工厂，对此类销售对象多以大包装方式。干品外用瓦楞纸箱，内衬塑料薄膜袋，每箱装一袋，或每箱装小包装 5～6 袋。渍制品主要采用塑料桶，内衬塑料薄膜，每桶容量 40～50 千克。

民用包装是针对消费者的包装，此类包装分为日常食用包装和礼品馈赠包装两种，多采用小包装。

②包装规格容量。箱装采取瓦楞纸制成包装箱，规格（长×高×宽）为 66 厘米×44 厘米×57 厘米，其体积为 0.171 立方米，12.2 米（40 英尺）货柜装量 360 箱，6.1 米（20 英尺）货柜装量 180 箱。此种箱体装量视品种规格大小有别，以香菇为例，每袋容量厚菇为大厚 13.5 千克，中厚 14～16 千克，小厚 15～17.5 千克；薄菇为大薄 11～12 千克，中薄 12.25 千克，其他如茶薪菇、姬菇、金针菇、草菇、猴头菇、鸡腿蘑等每箱装量 15～20 千克，而菌体偏薄的银耳、黑木耳、灰树菇、竹荪等每箱装量 12～15 千克。

小包装鲜品采用托盘式拉伸防结雾保鲜膜包装。托盘大小随装量的不同而不同，常用规格为 15 厘米×11 厘米×2.5 厘米 100 克装、15 厘米×11 厘米×3 厘米 200 克装及 15 厘米×11 厘米×4 厘米 300 克装等。拉伸保鲜膜以宽 300 毫米，每筒膜长为 500 米，厚度为 10～16 微米。托盘内装菇个数分为 L 级 4 个，M 级 5～6 个，S 级 8 个，一个托盘包装后应形成一盘菇花。

作为馈赠礼品的干品，采用塑料彩印包装袋，设计精美、透明光亮。每袋装量视品种个体长短、厚薄而定，一般为 150～300 克，最多为 500 克。而即食品则采用铝塑复合膜，每袋装量 25～100 克，开袋即食。罐头饮料制品的包装则采用铁罐或玻璃瓶。

③包装用品标准。食用菌包装用品应符合国家强制性技术规范要求。外包装采用破裂强度为 1892 千帕以上的纸材制作的纸箱。塑料袋应符合 GB146—81《食品包装用聚丙烯树脂卫生标准》和 GB9687—1988《食品包装聚乙烯成型品卫生标准》的规定。

包装前,所有包装物应干燥、清洁,无虫蛀、无异味,无其他不卫生的夹杂物,防止机械损伤和二次污染。包装物无论是袋装或是盒装,均要印上相应的图案、商标、环保、QS 标志,商品名称、净重含量、产品营养成分、简单食用方法,地址、批号、出厂日期、保质期和条码等。产品标志所用的文字应当规范,内容准确、清晰、显著。

(2)产品运输工具与管理

①运输工具。食用菌加工产品的运输应根据不同品种和卖方运程选择不同的运输工具。若是保鲜品出口,就应用冷藏汽车运至码头,装入 1℃～4℃ 的低温货柜集装船运,或用冷藏汽车运达民航港口再空运到国外;空运费用比海运高 1 倍以上,但时间比船运快数倍,而且能加速商品上市,加速资金周转。另外,空运商品损耗率低,霉变成分少,对于远程运输应市较为适宜。而对内销的鲜品,可采取塑料泡沫箱包装,内放 15 厘米×50 厘米碎冰袋,用 1℃～4℃ 冷藏车运达城市供应。短途运输通常是下半夜起运,清晨到达菜场、早市。远程采用火车零担托运,或火车与汽车联运,以及汽车专运,或零担整批、分点卸货送到供货点。

②运输管理。无论是鲜品还是干品,都要求专车专用,不得与有毒、有异味的商品混装,以防串味和污染,影响产品质量;鲜品冷藏车运输过程必须注意观察温度变化。如若中途因制冷故障,车厢内菌体温度超过 15℃,应把汽车驶到阴凉处,或打开车厢门散热。如果温度达 25℃,时间超过 34 小时,包装箱内的冰就会因融化而失效,菌体就会发生褐变,此时应尽快卸车,将鲜品转入脱水烘干处理,以免遭受整车鲜品霉烂的损失。

4.产品交易货款结算方式

(1)现货现钱 此种形式一般买方客户是商贩,直接到加工厂看货定价,现货现买,现钱交易,不留尾欠。但其交易量少的几百斤,多则 2～3 吨,或者是厂方直接运达商店、菜摊,看货评价过磅,当场结算付款。

(2)定期结算 现在许多经销商为了减少中间流通环节,采取厂商挂钩,签订订单,货源直供,货款每月月底结算,此种方式买方多是超市。这种方式厂方货源要垫底,资金被占用,但为了产品有稳定客户,也乐意接受。

(3)信用证结算 此种方式出口业务上常用,双方事先签订产销合同。买方按照货款总值,开银行信用证到卖方账户,并将底单传到卖方。货到船运时,凭托运单,货款银行准提。但卖方应提供货款单、包装清单、装船单、运输公司发货运输证明单、保险单,以及提货所需其他证件,此种方式货款有安全感。

(4)注意事项 在货款结算方式上,最不保险的是先发货,卖完结算。有的经销商信用度差,货已卖完,但货款拖欠不付,甚至以产品质量不达标或积压霉变等为借口不付款。因此,在签订供货合同前,必须先了解对方资讯,包括商业信用、声誉,以免因货款被拖欠而遭受意外损失。